农村生态环境保护与综合治理

许建宝　著

≋ 中国华侨出版社
·北京·

图书在版编目（CIP）数据

农村生态环境保护与综合治理 / 许建宝著. -- 北京：
中国华侨出版社，2025. 3. -- ISBN 978-7-5113-9512-2

Ⅰ. X322.2

中国国家版本馆CIP数据核字第202513C6S8号

农村生态环境保护与综合治理

著　　者：许建宝

责任编辑：刘继秀

封面设计：寒　露

经　　销：新华书店

开　　本：710毫米×1000毫米　　1/16开　　印张：17.75　　字数：245千字

印　　刷：定州启航印刷有限公司

版　　次：2025年3月第1版

印　　次：2025年3月第1次印刷

书　　号：ISBN 978-7-5113-9512-2

定　　价：98.00元

中国华侨出版社　　北京市朝阳区西坝河东里77号楼底商5号　　邮编：100028

发行部：（010）64443051　　传　真：（010）64439708

如发现印装质量问题，影响阅读，请与印刷厂联系调换。

前　言

　　环境保护与生态文明建设已成为国家可持续发展战略的重要组成部分。作为农业大国，我国农村人口数量与耕地面积在全球范围内均位居前列，农村生态环境质量与我国经济社会的可持续发展关系重大。随着乡村振兴战略的全面推进，农村环境治理的重要性日益凸显；然而，由于农村地域分散、产业结构多元化、基础设施相对薄弱等因素，农村生态环境仍面临面源污染防治难、点源污染识别与监管不足、生活垃圾与污水处理设施不完善、饮用水安全保障压力较大、大气环境管理薄弱等严峻挑战。

　　在专业领域中，农村生态学、环境科学、农业科学等多学科理论的迅速发展，为农村生态环境的保护与综合治理提供了重要支撑。如何将生态学原理与实践相结合，构建科学有效的农村环境管理体系，实现乡村产业结构的绿色转型与资源合理利用，既是科研人员亟待解决的理论难题，也是政府部门和基层治理工作者面临的实践考验。

　　本书在系统梳理农村生态环境保护与综合治理相关研究成果的基础上，结合我国农村实际情况，力求从环境与可持续发展、农村生态环境理论、农业和农村污染治理、废物综合利用、污水处理与饮用水安全、大气环境维护以及绿色循环农业等多个层面进行深入阐释与分析。编写此书的初衷在于提供一套兼具学术性与应用性的农村生态环境保护方案，为推动我国农村走向生态文明与可持续发展之路提供理论与实践参考。

　　本书重点围绕以下几个方面展开：首先，概述环境与可持续发展的核心理念，论述农村生态系统的结构与功能；其次，系统分析农业面源污染、农村面源污染及点源污染的成因与治理路径；再次，针对农村垃圾和其他废物的处理与综合利用，提出可操作性强的技术策略；复次，聚焦农村污水处理和饮用水安全保障，探讨水资源的保护与综合治理；最后，阐述农村大气环境维护和绿色循环农业的未来趋势，为实现农村生态环境质量提升提供全方位的思路与方法。

本书具有以下特点：一是内容覆盖面广，涵盖了农村生态环境保护与综合治理的主要领域；二是注重理论与实践相结合，通过案例与实证研究，为读者提供可行的操作方案；三是多学科交叉视角，贯通生态学、环境科学与农业科学，为农村环境治理提供系统性指导。

本书适合从事农村环境保护、生态学研究、农业生产与管理的专业人士及高校师生阅读，也可为政府部门及社会团体提供决策参考。对于热心农村生态建设的基层干部和公众来说，本书同样能提供切实可行的思路与方法，帮助其更好地参与并推进农村生态环境的综合治理工作。

目　录

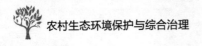

第一章　环境与可持续发展

当代人类社会正面临着前所未有的生态考验，自然资源耗竭、环境污染与气候异常已成为全球关注的核心议题。长久以来，工业化与城市化进程的高速推进使人们更多聚焦于城市问题，然而在广袤的乡村，生态环境的脆弱性与复杂性同样不容忽视。农村不仅是粮食生产的源头，更是维系传统文化与社会结构的基本单元，其自然生态系统和社会经济体系相互交织、彼此依存。若这一基础被持续破坏，无论是当前的生活质量还是未来的发展潜力都会大打折扣。

可持续发展的理念恰在于此，即在承认资源的承载力和环境的承载力都有限的前提下，引导人们以更长远的视角来衡量自身行为的后果。在这种价值取向下，农村生态环境问题的解决不应再局限于眼前的经济利益或短期产出，而应谋求经济、社会、环境三者的动态平衡。通过重审人与自然的关系、创新生产与消费模式、构建有机且可持续的乡村生态系统，方可实现真正意义上的长久繁荣。

站在这一思想体系下审视农村环境议题，不仅要正视当前挑战，更须放眼未来发展。唯有深谙可持续发展原则之精髓，方能在乡村振兴与人居环境改善中寻找到恰当的路径，从而为人类与自然的和谐共生奠定坚实基础。

第一节　环境的定义与分类

一、环境的定义

"环境"是个相对概念，其相对于某一中心事物而言，作为某一事物

3

的对立面而存在，中心事物不同，环境的含义也就随之不同。[①] 环境泛指某一事物的外部世界，是影响该事物生存与发展的各种外部要素的总和。[②] 在宽泛意义上，环境是指影响人类生存和发展的各种天然和经过人工改造的自然因素的总体，包括大气、水、海洋、土地、矿藏、森林、草原、野生动物、自然遗迹、人文遗迹、自然保护区、风景名胜区、城市和乡村等。[③]

环境这一概念内涵丰富，体现出人与自然、社会和生物群落之间的复杂关系。其本质是存在一处的中心事物，其他要素环绕并对其产生影响，进而形成有机整体。任何对于环境的讨论都无法脱离主体这一关键环节，不同主体的界定改变了环境的边界、性质与侧重点。当人类视自身为主体时，环境成为影响人类生存与发展的外部世界，其内涵不再局限于自然界的形态与过程，而是涵盖了社会、经济、文化、政治、教育及历史传统等多重领域。此时，环境不仅是自然资源的集合体，也是多维度价值体系的外化载体，还是滋养人类生存、塑造人类文明以及推动社会进程的重要基础。

环境的概念随着学科范畴的不同而发生相应变化。生态学强调生物个体与其周边条件之间的动态平衡，将环境视为影响动物、植物、微生物等生命系统生存与繁衍的各种生态要素的综合场域。此时环境并非人类专属的背景，而是所有生命共同参与的立体空间。一片森林、一块湿地、一条河流，都能成为生物生存的基本平台，不仅提供必要的营养与能量，也构成了物种间协同或竞争的巨大舞台。这种环境的意义在于阐明生命系统的适应与进化，为理解生物多样性与生态平衡提供关键参照。

---

① 胡智泉.生态环境保护与可持续发展 [M].武汉：华中科技大学出版社，2021：1.
② 毛建素，李春晖，裴元生，等.普通高等教育"十四五"规划教材 产业生态学 [M].北京：中国环境出版集团，2022：1.
③ 彭熙伟，胡浩平，郑戍华，等.工程导论（第 2 版）[M].北京：机械工业出版社，2024：37.

　　地理学将人类社会放置在时空坐标中，是其活动区域为环境的具体表现。地理环境不仅包括大气、水文、土壤、植被等自然元素，也蕴含人类活动的印记，如村落与农田的分布、道路与交通网络的布局、人口与资源的区位特征。这类环境强调区域性与整体性，从自然与人类相互作用的视角展开研究，蕴含一种空间结构与时间演化的逻辑。在地理视域下，环境成为地理景观与人类行为互动的综合产物，其结果是既有物质基础的改变，也有社会经济布局的转型。环境科学更关注环境与人类文明之间的关系。当环境科学将人类确立为研究主体时，环境本身即成为支持人类生存与社会发展的条件系统，是影响生产活动、生活质量与资源可持续利用的一切要素的集合。在此层面上，环境既包括大气、水、土壤、生物资源等自然因素，也可扩展到文化传统、产业结构、社会制度、法律规范、城市规划，以及由人类创造的各类人工设施。法律文本中往往对此进行明确界定，如《中华人民共和国环境保护法》所述第二条[①]，环境的外延覆盖人类赖以生存的天然与人造条件，包括森林、草原、湿地、矿藏、动植物资源，以及海洋、河流和城市乡村环境；同时涵盖人文遗迹、自然保护区、风景名胜区等自然与文化交织的空间单元。可见，当强调人类主体时，环境即成为一种综合要素的交汇点，其内在功能在于为人类社会的繁荣与发展提供必不可少的基础条件。

二、环境的分类

　　所谓分类，即按照相关特征、指标等划分事物的类别，人类生存环

[①] 《中华人民共和国环境保护法》第二条规定："本法所称环境，是指影响人类生存和发展的各种天然的和经过人工改造的自然因素的总体，包括大气、水、海洋、土地、矿藏、森林、草原、湿地、野生生物、自然遗迹、人文遗迹、自然保护区、风景名胜区、城市和乡村等。"

境是一个庞大而复杂的多级大系统。① 因此，分类所依据的特征、指标等的多少、详略决定了分类体系的繁简和精粗。②

（一）按照主体分类

按照主体将环境视为影响人类生存与发展的外部条件体系。在这一视角中，人类被置于研究轴心，环境即为围绕人类所存在并能够对人类产生直接或间接影响的因素集合。在这种定义下，环境的构成包含自然因素和社会因素两大板块。自然因素不仅包括土壤、大气、水、矿藏、森林、湿地、动植物群落等天然存在的要素，还涵盖了被人类改造过、人工形成的"次生环境"，如农田、园林、矿区、乡镇、城市、基础设施、交通网络等。社会因素则是人类长期实践的产物，包括政治、经济、文化、教育、科技、法律、制度、风俗习惯等社会构成要素。这种分类法在环境科学领域应用广泛，因为环境科学本身多半关注人类行为与自然资源、生态系统之间的关系，将人类视为需要重点考量和保护的对象。

（二）按照范围大小分类

根据环境范围大小分类是比较简单的分类方法。③ 在明确的环境主体的前提下，通常可以将环境划分为宇宙环境、地球环境、区域环境、生活环境、小环境和内环境。④

① 宋伟，张城城，张冬，等. 环境保护与可持续发展 [M]. 北京：冶金工业出版社，2021：1.
② 杨保华，刘辉，杨瑞红. 环境生态学（新 2 版）[M]. 武汉：武汉理工大学出版社，2021：2.
③ 杨保华，刘辉，杨瑞红. 环境生态学（新 2 版）[M]. 武汉：武汉理工大学出版社，2021：3.
④ 同上.

1. 宇宙环境

宇宙环境是地球大气圈以外广袤空间的整体构成，又称为星际环境。它包括星际介质、天体、宇宙尘埃、辐射与各种能量场，以及行星际与星际之间的动态变化过程。此处没有如同地球表层和近地空间中那般浓密的大气介质，而是以近乎真空的状态为特征，弥漫着极其稀薄的气体、尘埃和高速粒子流。太阳作为主要辐射源，为地球提供了必需的光照和能量，这一能量输出不仅维持了生物圈内的物质循环与生态平衡，也为天气、气候以及行星大气演化构建了动力基础。与此同时，太阳活动，如太阳黑子形成与消失、耀斑爆发与日冕物质抛射等，以多种形式影响着地球电离层与磁层结构，进而可能改变无线电通信、航天器运行乃至地球气候模式。从近地轨道到更深远的行星际空间，随着人类技术不断发展，卫星、空间站、深空探测器与太空望远镜的运用使宇宙环境研究已不再局限于观测和理论分析，而是与现代科技实践彼此交融。宇宙射线、微陨石、宇宙尘的存在让空间器件面临严苛条件，不仅必须考虑严寒和辐射，还需权衡粒子轰击对材料和电子元件的影响。磁场、等离子体流以及行星际介质中粒子的时空变化，为理解行星际空间天气与人类航天活动安全性提供了研究方向。宇宙环境在学术范畴中不仅作为背景存在，还为阐释恒星系统与星云演化、行星形成过程、地球与太阳之间的相互作用机制以及更宏观的宇宙结构与演化规律提供了经验素材与关键线索。

2. 地球环境

地球环境又称为全球环境，是一个由岩石圈、水圈和大气圈下层相互作用而构成的巨大生命支持系统，其空间范围延展于海平面下的深度与海平面上若干公里的高度之间。存在于其中的多样生命群落及其生存条件构成生物圈这一核心概念。无论是微小微生物群落的代谢活动，还是森林、草原、海洋等大型生态单元内的能量流动与物质循环，皆在这类系统中持续发生和演变着。地球环境并非静止的背景板，而是一个受到内在地质运动和外在宇宙因素影响的动态系统，其中板块构造、海洋环流、季风变化以及辐射平衡等过程对生物演化、物种分布及栖息地质量有着深刻影响。

人类作为一种高度智慧的社会性生物，其活动直接和间接地重塑了地球环境的多项基础特征。工业化和城市化进程加剧了资源开发和土地利用的变化，使大气中温室气体浓度升高、全球平均气温上升以及冰川融化、极地冰盖缩减等一系列连锁反应得以出现。这些趋势不仅影响自然生态系统中的物种丰富度和栖息地安全性，也为粮食生产、安全用水和公共卫生等社会问题带来重重挑战。过度消耗化石燃料、毁林、过度捕捞以及大规模农业化学品的使用，加快了地球环境中碳、氮与磷循环的不均衡化，使水资源短缺、土壤贫瘠化、海洋酸化、物种灭绝等问题在全球范围内愈演愈烈。

各种国际公约与政策尝试从知识体系、治理框架和技术手段层面维护地球环境的稳定性与可持续性，以应对当下和未来社会面临的生态风险与环境治理难题。地球环境研究贯穿多个学科领域，从气候学、生态学、地球化学、环境经济学、环境法学到环境伦理学，相关学术研究不断深化，人们对地球系统运行机制的认识不断扩展。这些努力为社会决策、资源配置、行为规范与技术创新提供了基础参考，旨在为地球环境保护和人类文明的长期繁荣奠定坚实的学理基础。地球环境本质上是一个不断演化的开放系统，在多元驱动力的作用下不断呈现新的结构与功能格局，为理解地球生命的起源、演化和未来提供了一个持续丰富的信息与资源宝库。

3. 区域环境

区域环境又称为地区环境，以地球环境的局部特征为基础，构成地球表面多样化的生态空间单元。这里的自然地貌和气候模式孕育出与之相匹配的动植物群落与微生物群系。无论是辽阔的海洋、湍流的江河、广袤的沙漠，还是雄伟的高山、平坦的丘陵或深邃的湖泊，每一类区域环境都展现出独有的物种组成与能量流动结构。生物群落在区域环境内实现营养级间的物质和能量传递，通过相互作用与动态平衡，塑造出不同类型的生态系统。环境资源在这些局部系统中流转，气候因子、土壤性质与水文过程共同影响生物多样性的分布格局与适应策略。区域环境的健康与稳定构成地球整体环境质量的基石，将特殊的生态特征和多元化生命形式纳入研究框架有助于理解地球环境运行机制，并为遏制全球环境退化、守护生物圈的多样性与稳定性奠定了学术与实践基础。

4. 生活环境

生活环境又称为栖息地，指特定生物群体在特定条件下完成生存、发育和繁衍的空间及相关要素配置。就某一物种而言，环境因子（如温度、湿度、光照、水质、土壤成分与营养供应等）存在一个可供适应与繁盛的最优幅度区间。当外部条件偏离这一适幅区间，种群规模随之减小，直至消亡。这种动态关系体现了物种与环境之间的协同进化与生态约束。生物种群通过生理适应、行为调整和遗传变异在生活环境中寻找自身的生态位，环境质量与资源可及性对其存续至关重要。从更广视角考察，区域环境整合了多种类群的生活环境，是复杂生态网络的基本构件。关注与改善更大尺度的区域环境质量，使多物种在其中获得适宜的生存条件，不仅提高了环境保护的整体效率，也有助于维持生态系统的稳定性与功能多样性，为相关学科探索物种—环境相互关系、生态过程调控机制以及可持续发展路径提供了研究基础与实践参考。

5. 小环境

小环境所指的空间范围极其微小，与生物个体的构造和形态特征高度相关。这类环境条件往往发生在相邻层面，如植物根系周围的土壤区域或叶片表层的气体分布带。就在这般接近个体表面的狭小空间里，温度、湿度、光照、营养元素、微生物群落和化学信号均以微尺度的方式影响着生物的生存与发育。由于小环境特征直接关乎细胞代谢、组织发育以及个体器官的功能表达，生物在此范围内所面临的环境胁迫、资源供给与能量交换会对整体生命状态产生深远影响。与大尺度生态条件相比，小环境的动态性和异质性更为显著。轻微的风向变化、局部降水、土壤有机质浓度梯度分布或微生物种群结构的时空调整，都会在极短时间与极小空间范围内塑造独特的生境特色。对植物来说，根际土壤中的养分浓度分布、水分含量与酸碱度变化会影响根系吸收效率，而叶表面的边界层特性、蒸腾速率与光合作用参数对整株植物的能量平衡、气体交换和生理适应能力有着直接调控作用。动物个体同样依赖皮肤或组织表面的微环境来维持正常的生理活动，微生物群落更是在复杂的微环境网络中实现物质循环和信息传递。

小环境研究的学术意义在于能够深入探究生命个体与其最邻近环境因子之间的精密交互，通过精细刻画微尺度条件对生物响应的影响机理，有助于诠释个体适应策略与生态过程关联机制。由此拓展出的生境理解与管理思路在农业、林业、园艺学、生物保护与环境修复等诸多领域提供了理论启示，有益于阐明微尺度条件优化对物种生存绩效提升、资源利用效率改善以及生态系统功能稳态维持的作用原理。

6. 内环境

内环境指生物体内各层次组织与器官周围所存在的稳定条件体系，从宏观层面的系统与器官到微观层面的细胞及细胞器，均在这一由代谢产物、营养成分、离子浓度、pH 值、温湿度条件以及各类调控分子构成的微生境中运行。由于生命活动与细胞代谢反应对条件精度要求极高，内环境的形成与维持过程体现出高度精密与动态调控特征。蛋白质折叠、遗传信息表达、物质跨膜运输等功能环节在此特定生态位中实现最佳化，稳态平衡通过内分泌系统、神经网络及免疫应答等多重途径得以持续调节。内环境一方面是生命体进化历程中所凝聚的复杂适应产物，另一方面又为生命功能的正常发挥提供了不可替代的场域，使各种生化过程在极为受控的条件下高效、有序地进行。与外部环境相比，这种内部条件不仅具有独特性和相对稳定性，也承载着细胞增殖、分化、重塑与修复的基础条件，为有机体代谢与进化的连续性与方向性奠定关键基础。

第二节　可持续发展概述

工业革命带来了经济的高速发展，物质财富迅猛增长，人类社会见证了前所未有的物质繁荣。[①]20 世纪 60 年代开始，国际社会开始不断反思并寻求可以解决环境问题的出路，此时可持续发展的理念逐步形成和发展。从斯德哥尔摩召开的人类环境研讨会到世界环境与发展委员会的报告《我们共同的未来》的提出，再到里约热内卢举行的联合国环境与发展大会，可持续发展理念逐步确立并被国际社会广泛接受。[②]

一、可持续发展的内容

（一）可持续发展的概念

1996 年 7 月 19 日，国务院办公厅转发的国家计委、国家科委《关于进一步推动实施〈中国 21 世纪议程〉的意见》（国办发〔1996〕31 号）中对可持续发展的定义是"可持续发展就是既要考虑当前发展的需要，又要考虑未来发展的需要，不以牺牲后代人的利益为代价来满足当代人

---

① 王青斌. 区域规划法律问题研究 [M]. 北京：中国政法大学出版社，2018：96.
② 同上。

利益的发展；可持续发展就是人口、经济、社会、资源和环境的协调发展，既要达到发展经济的目的，又要保护人类赖以生存的自然资源和环境，使我们的子孙后代能够永续发展和安居乐业"①。

（二）可持续发展的主要内容

2002 年，中共十六大将"可持续发展能力不断增强"列为全面建设小康社会的目标之一。②这是一种新的发展观、道德观和文明观，作为一个具有强大综合性和交叉性的研究领域，可持续发展涉及众多学科，可以从不同方面有重点地展开。③可持续发展是对人类社会与自然环境关系的一种新的价值追求和理念实践。它以不损害后代满足其需求的能力为前提，将经济增长、社会进步和环境保护融为一个不可分割的整体加以考量。其内涵不仅局限于生态保护与资源节约，更强调社会公正、经济效率和文化传承，使发展不以牺牲生态系统的承载力为代价。不同的学科视角为可持续发展的意义和路径提供了丰富诠释。生态学研究者在可持续发展中强调环境系统的自我恢复和动态平衡，要求不超越生态更新能力的人类活动；经济学研究者将可持续发展视为在保证自然资源持续供应与质量稳定的条件下谋求长期净利益最大化的手段；社会学研究者关注生活品质提升与生态负担平衡，强调在维持生态系统耐受度的同时不断改善人类生活水平；科技工作者则以绿色工艺和清洁技术为实践途径，致力于构建低废料、低污染的生产与消费模式。

1. 经济可持续发展

经济可持续发展强调以不断满足人类需求和愿望为出发点，将经济

---

① 乔春华. 高校财务发展研究 [M]. 南京：东南大学出版社，2023：236.

② 彭熙伟，胡浩平，郑戍华，等. 工程导论（第 2 版）[M]. 北京：机械工业出版社，2024：66.

③ 徐东海，王树众. 能源与人类文明发展 第 2 版 [M]. 西安：西安交通大学出版社，2022：74.

增长和资源利用的长久性紧密相连，进而在推动社会进步中发挥核心作用。经济发展不仅提高生活质量，也为人类摆脱贫困、消除生态恶化的恶性循环提供坚实基础。没有经济领域的持续扩展与优化，贫困状态下的资源利用模式与生产方式往往会以破坏环境为代价，继而进一步削弱未来发展机会。从这一逻辑出发，经济的发展不应只追求短期利益，还必须兼顾长远利益与代际公平。提高经济发展水平的过程既是提升人类福祉、增加社会活力、实现技术进步与制度创新的过程，也是确保自然资源在可承受范围内使用、让资源循环再生、促进人与自然和谐共处的过程。经济可持续发展在全球化和区域化背景下尤为关键，对于发展中国家来说，在加速经济成长、增强经济韧性、提升产业结构与创新能力的同时，必须恪守资源环境底线，以期真正实现长期繁荣和生态安全的统一。

2. 社会可持续发展

社会可持续发展强调人与自然之间的协同关系与合理互动，强调人类社会对自然规律的深刻理解和对未来后代的责任担当。在这一框架下，道德伦理的提升和社会意识的进步至关重要，社会成员对自然资源的使用方式、社会制度的运行逻辑、生产与消费模式的调整过程，都应当建立在对环境承载力的尊重和对后世生存权利的维护之上。与此同时，合理的人口规模是社会可持续发展的基础条件，资源与人口之间的平衡关系决定了社会进步的方向和深度。许多地区在人口数量激增与资源匮乏共同作用下陷入了恶性循环，只有在谨慎评估资源基础的前提下适当控制人口数量与增长速度，方能确保生活水平的稳定乃至提高。社会秩序与经济繁荣的延续须以对自然、对同类、对后代的全面关照为前提，通过提高公众对可持续发展理念的理解和践行能力，实现人与环境的和谐共处。

3. 资源可持续利用

资源可持续利用关乎人类社会的长远发展与生存条件的稳固。资源基础一旦削弱或退化，将不可避免地影响人类经济、社会和环境的有机协调。可更新资源的使用需要建立在其自然承载力和再生速度的考量之上，若有必要还应通过人工干预促进其恢复与再生产，从而避免生态过程与生命支持系统的崩溃。生物多样性是资源更新与维持的基础元素，让不同种类的动植物、微生物在适宜的生境中繁衍生息，有助于生态系统保持韧性与稳定，以应对环境变化与外来压力。不可更新资源的利用策略则强调优化开发与有效替代。提高利用率与资源回收率，通过科技创新使特定资源的使用更加精确而高效，减少对其过度消耗。在此基础上优先考虑引入可更新或相对丰富的能源与材料，特别是利用清洁能源，如太阳能、风能与潮汐能，显著降低传统化石燃料消耗的比例。

4. 环境可持续发展

环境可持续发展强调对自然资源和生态系统功能的长期保护，以维持经济与社会结构赖以依存的基础条件。环境质量的提升与稳定不仅意味着减少污染、控制温室气体排放，还意味着确保生态服务功能的正常运转，包括提供清洁的水与空气、肥沃的土地与适宜的气候条件，使人类活动在稳定而健康的自然循环中延续。通过谨慎的资源规划和高效的环境治理，经济生产过程能够更加节能降耗，使社会生活更加宜居与和谐，避免在追求短期利益时透支自然资本。环境可持续发展的内涵还涉及生物多样性的保育与修复，维持复杂而有序的生态网络，以提高系统应对环境压力、气候剧变及其他突发因素的韧性。借助科技创新与制度完善，人类社会可逐步摆脱对高污染、高消耗产业链的依赖，以绿色、低碳、安全、持久的方式引领未来的生产与消费模式，从而在更深层次上实现人与自然相互成就的良性循环。

5. 全球可持续发展

全球可持续发展着眼于全人类的共同利益，强调对跨国界的资源与环境议题进行协调解决。气候变暖、酸雨传播、臭氧层变薄等问题不再局限于特定国土范畴，而是渗透全球生态格局，对各地人民的福祉构成威胁。在此背景下，国际的多边合作具备不可替代的意义。资源、技术与资金的相互援助可为发展中国家缓解贫困、改善环境创造条件，使各经济体在稳定而互利的关系下攀升发展。发达国家在环境保护和治理技术方面发挥着传递者和推动者的作用，以优惠条款甚至无偿方式分享技术与经验，为更广泛的可持续实践开拓路径。全球性目标和政策的制定则需各国平衡资源分配与环境责任，在尊重主权的同时共商对策，形成面向未来的整体方案。如此方能兼顾多方利益，让全球社会在和谐、有序的国际合作中谋得长久发展。

二、可持续发展的原则

作为一种全新的人类生存方式，可持续发展不但涉及以资源利用和环境保护为主的环境生活领域，还涉及作为发展源头的经济生活和社会生活领域，[①] 其原则如表 1-1 所示。

表1-1　可持续发展的原则

原则	内涵及理念	实现路径	预期结果
共同性原则	强调全球统一价值取向与行动方向，要求各国从整体利益出发协作	建立国际合作机制，制定全球共识性政策与标准，促进技术交流与知识共享	实现全球范围内资源与环境问题的协同治理，人类在相互尊重中达成共同繁荣

---

① 李继红，王振荣，刘金辉.知识经济时代下的人力资源管理研究 [M].北京：中国商务出版社，2023：19.

原则	内涵及理念	实现路径	预期结果
公平性原则	注重代际、地域及群体之间的机会均衡与利益平衡，尊重后代权利	制定合理的资源分配及环境保护法规，实施扶贫与社会保障体系，加强区域协调发展	保障当代与后代在健康环境中享有平等的发展条件，消除贫困与不公平现象
持续性原则	将发展控制在资源与环境承载力范围内，兼顾长远生态后果	优化资源利用效率，推广清洁能源与绿色技术，实施严格的环境评估与监管	保持资源与环境的长期平衡，使经济、社会在不透支自然资本的条件下稳步前行
发展性原则	以不断提升当代福祉为基础，同时维护未来发展的潜力与条件	深化产业结构升级，促进技术创新与教育提升，完善政策激励与反馈机制	经济、社会、生态元素形成良性循环，使发展潜能持续释放，为后代保留足够的生存与进步空间

（一）共同性原则

可持续发展的共同性原则体现了整个人类在面临全球性挑战时的统一价值取向与行动方向。尽管世界各国的历史、文化以及发展水平迥异，执行路径与具体模式存在差别，但作为地球这一共同家园的成员，各国在应对资源与环境问题时必须从整体出发，相互支持与协作。整体性和相互依存性决定了全球范围内必须建立对地球状况的统一认知，以公平性、持续性和发展性为共同准则，超越地域、文化和历史的界限审视全球问题。无论国家贫富，还是社会制度或经济结构如何，将局部利益与整体利益融为一体的努力有助于人类群体在相互尊重与合理竞争中协调前行。世界各地的政策调整与实践创新均应以这些共通的理念为指导，寻求平衡生态保护与经济发展的有效方案。通过全人类的通力合作，实现资源与环境的合理利用以及社会经济的稳步发展，使人与自然的关系趋于和谐互惠。这一共同性原则本质上是呼吁所有国家与地区放眼长远，秉承公平与持续的核心价值，使可持续发展真正成为全人类共享的终极目标与共同责任。

（二）公平性原则

可持续发展的公平性原则强调各个时代、各个地区以及不同资源使用者之间的平衡与正义。在同一时代的不同区域间，每个地方的繁荣都不应以侵蚀他处的利益和资源为代价；每一代人都有权利在安全、健康的环境中生活，获得必要的资源和发展的机会。同时，这种理念穿透时间的维度，要求当代社会必须尊重后代人的权益，避免过度消耗有限的自然资源或破坏生态系统，使后世仍能在适宜的条件下生活与进步。在这一原则下，满足当下的需求并不意味着随意掠夺自然要素，而是有节制地使用资源，保障未来世代拥有平等的选择余地和成长空间。因此公平性原则不仅关乎同代人之间机会与利益的公平分配，也将人与自然、当代与未来紧密相连，将消除贫困和促进共同繁荣列为优先议题，使每一代人都能享有应有的发展权利与生存条件。

（三）持续性原则

可持续发展的持续性原则要求经济活动与社会进步严格控制在资源与环境的承载能力范围内。满足需求的过程中应承认并接受客观存在的限制因素，包括人口规模、环境容量、资源可用性以及技术水平和社会组织形式对生态系统的影响。自然资源与环境作为人类生存与发展的物质基础不容逾越，经济与社会的提升不应以过度消耗不可再生的自然资本为代价。持续性原则呼吁在发展进程中顾及长远后果，既满足当代要求又不损害后代潜在利益，兼顾人类与自然之间的平衡。通过审慎的政策选择与行为规范，将资源消耗与生态系统维持在相对稳定的态势中，使生产与生活方式趋于节制与理性，不使环境承载能力陷入被透支的困境。持续性不仅关涉人与人之间的公平，也延伸到人与自然的关系层面，以保障未来持续繁荣的基础得以长期稳固。

（四）发展性原则

可持续发展的发展性原则强调在追求经济与社会全面进步的进程中不断提高当代群体的福祉，同时维护未来发展的基础。认定发展是建设可持续未来的核心要义，而非停滞不前的状态。若无当下的持续提升，后世的发展潜能也将趋于脆弱。完善人类与自然之间的关系意味着在人类活动不断影响自然环境的事实与自然自身努力维持固有状态的事实之间寻求新的平衡点。对物质、能量与信息传递过程的深入探索凸显了两者不可分割的关联，又折射出二者在相互作用中呈现的对立性。为回应这种关系的复杂性，发展性原则要求将人类提高生活品质的要求与自然系统的承载能力、恢复力相结合，使经济增长不以资源枯竭与环境破坏为代价。将人与自然的发展关系纳入协调机制，使经济、社会与生态要素进入良性循环，为后代保留平等发展的机会。

三、可持续发展的理念

（一）生态环境发展改善带动经济发展[①]

生态环境提升不再局限于纯粹的美化与资源保护，而是塑造现代经济格局的关键因素。以往仅依赖工业化的思维将 GDP 增长作为唯一衡量标准，忽略了自然资源利用与环境质量的潜在经济价值。从工业粗放扩张到着力改善生态环境，观念的转变使社会开始意识到旅游业及第三产业在高品质生态背景下的崛起潜能。当城市绿化率提升、森林覆盖面扩大，优美的自然景观与清新的空气会对旅客和投资者产生强大吸引力，直接催生旅游业及相关服务业的繁荣。同时，水资源的高效利用与污水处理能力的提高不仅节约成本，更确保经济活动得以在可持续条件下开

---

① 刘振剑.现代生态经济与可持续发展研究 [M].北京：中国原子能出版社，2022：35.

展。生态基础设施的完善与环境指标的改善，由此成为促进经济转型与结构优化的隐形动力。

新的发展路径不再以牺牲自然为前提，而是通过保护与修复自然生态，让清洁水源、清新空气、优美景观和健康土壤成为经济稳步前行的内生动力。国家政策导向与实践经验表明，"绿水青山"与"金山银山"并非对立概念，而是协同促进社会繁荣、提升生活品质与稳固长期竞争力的双赢模式。在生态文明引领下，经济增长不必依赖传统工业扩张的老路，而能以健全的生态作为发展新引擎，确保资源与环境长期承载经济进步，进而让公众享有舒适健康的生活环境与可持续的经济收益。

（二）经济发展促进生态环境改善

经济发展若能摆脱传统消耗型模式，深入调整产业结构，以更高比例的服务业替代高污染、高消耗的重工业，便为生态环境的修复和巩固创造出良好条件。经济转型的本质在于摒弃畸形消费与过度索取，将消费理念从追求享乐与挥霍资源的路径纠正为符合理性与生态边界的可持续方向。当发展模式走向更高附加值与更低资源耗用时，生态系统的恢复力得以增强，绿色产业、清洁能源与生态旅游等新兴领域得以涌现并发展壮大，潜移默化地减少人类活动对自然环境的负面影响。在这一过程中，经济增长不再意味着对自然资源的肆意攫取，而是通过引导合理而适度地消费，培育符合环境承载能力的消费结构和生产方式。以此手段，人与自然的关系由过度剥削转变为深度共生，人类不再将环境视为无限供应的原料仓库，而是作为生存与发展所仰赖的生态共同体而加以善待与修护。

（三）绿色环保理念

可持续发展理念中的绿色环保理念要求社会公众转变固有的消费模式，以更理性、更负责任的方式与自然资源相处。在资源节约和环境友好的社会氛围下，绿色消费已经不再停留在意识层面，而是借助消费者购买决策的力量对产业升级和市场走向施加影响。面向日常生活的消费行为，需要以控制资源过度消耗和可持续利用为目标，引导企业压缩不必要的包装过程，突出产品的实用价值与耐用性。选择无污染、无公害的商品，不仅能在源头上倒逼企业在生产材料与工艺上实现绿色转型，也为资本流向更有利于环境保护的产业链提供方向。消费后的废物若能依据科学的分类与循环利用原则予以处置，将在生活方式和经济结构中形成有益的闭环效应，避免将环境成本过度外溢。

第三节　农村可持续发展的重要性

一、农村可持续发展的概念、特征和关联

（一）农村可持续发展的概念

农村可持续发展指在农村地域空间内，以经济、社会、环境的动态平衡和相互促进为基础，推动农业和农村产业结构优化、社会制度完善与文化传承创新，并在此过程中不断强化对自然资源与生态系统的合理利用和有效保护。此概念强调并非单纯追求物质产出与经济利益，而是通过多维度的统合与互动，使农村地域达到资源承载力与人类需求之间的有机均衡。其核心内涵在于尊重乡土文化和历史传承的特殊性，优化产业链与要素配置的合理性，同时确保自然生态系统的韧性得以延续。此过程既包括经济层面的高质量增长，也包括社会层面的公共服务提升与人力资本培育，还涵盖了环境领域的土壤、水资源、森林与草地等基础条件的维护与修复。

（二）农村可持续发展的多维特征

1. 经济层面的特征

在农村可持续发展进程中，经济层面的特征不应简化为单纯的产值增加或收入提升，更应关注产业结构调整、要素配置优化以及适应当地资源禀赋的产业链构建。传统农业经济在长时期内面临较为单一的供给模式，往往局限于初级生产，缺乏深加工与增值环节，导致产品同质化严重与议价能力不足。可持续发展的理念提出后，必须从长远思路出发，以农业内部技术革新为基础，引导资源向精细化生产、特色化经营以及加工、流通和市场营销等环节延伸。从理论上考察，这一转变意味着打破传统的农产品经济循环，将农村经济体系纳入更广泛的价值网络中，不仅实现地域特色产品的品牌化，而且通过与旅游业、文化创意产业以及电子商务的有机嫁接，形成复合产业链，从而提高农村经济的韧性与抗风险能力。

在资金、技术与组织制度层面，农村经济转型需要面向新型农业经营主体和农村合作经济组织，鼓励家庭农场、专业合作社、龙头企业等多元主体协同发展。这一运作方式通过规模化和组织化提升，促进资源的合理配置与成本的有效分摊，使农户能够摆脱对单一市场渠道的依赖，并借助信息技术和现代化营销手段开拓多元市场空间。借助政策扶持与金融创新，地区性的农业金融服务体系可为中小农户提供信贷支持，科技推广机构则通过农技培训、土壤改良、水肥管理和良种选育等手段不断提升生产效率。如此一来，经济层面的特征不仅在于量的积累，更在于质的飞跃，强调经济增长的内涵式扩张。同时需要考虑经济发展过程中对资源与环境承载能力的约束，并在制度层面建立相应的激励与约束机制，确保资源利用的可持续性。通过定价机制和补偿制度，将环境成本、资源成本合理内化到经济决策中，使农村经济的发展模式从短期利益最大化逐步转向兼顾长远、维护生态环境与农业资源基础的方式。当资源配置与产业布局符合可持续发展逻辑，农村经济体系便可在更长的时间尺度上获得稳定的发展动能。这一经济层面的特征既是超越传统的增长范式，也是以创新与协调为基础的经济跃迁，为农村走向内涵深厚的持续繁荣奠定基础。

2. 社会层面的特征

社会层面的特征不仅涉及人口结构、教育水平与公共服务供给，还潜藏着社会关系重构与文化价值再造的深层逻辑。当代农村在全球化与城镇化浪潮的影响下面临人口外流、代际价值传递薄弱以及社会结构松散等现实挑战。可持续发展的倡议要求在制度设计与实践路径中，将关切重点置于人的发展与社会资本的积累之上。透过公共教育资源的合理配置，能够提升农村人口的文化与技能水平，并使他们具备更强的创新能力与适应性。这一提升并非限于识字与基本教育，更应包括农业科技培训、生态知识普及、环境伦理教育及合作精神的培养。社会层面还包括生活条件与公共基础设施的改善。交通条件、卫生医疗体系、水电与通信网络的完善，能使农村居民获得更高质量的生存条件与社会保障。这类投入实为社会资本的积聚过程，提高了农村人口对外部资源的获取能力。借由现代传媒手段与数字经济工具，乡村人口的视野与信息渠道在地理与文化上更趋开放。在这一层面，可持续发展不只是社会福利的简单累加，而是在社会结构的再平衡中注入公平与正义。减少城乡差距，降低社会排斥现象与贫困代际传递的可能性，使农村社会群体拥有更多选择与机会。

社会层面特征的另一关键内涵是本土文化与社会价值体系的传承与重塑。地域性知识、乡土信仰、传统手工艺与习俗节庆等都在社会结构中扮演着重要角色。这些价值要素有助于形成农村社区的凝聚力，增强对外来冲击的适应能力。在可持续发展的视野中，这些文化与社会资本的传承并非仅为维护传统，更在于为未来的创新提供丰富素材和精神支撑，使农村社会在面临技术进步与制度变迁时具备更大的包容度。通过制度引导与社会参与，将邻里互助、社区合作与公共空间治理纳入社会建设的核心逻辑，在不断强化人际信任与共同体意识的过程中，构建一个更具弹性、更有韧性的农村社会体系。

3. 环境层面的特征

环境层面的特征在农村可持续发展中体现为人类活动与自然生态系统之间的深层互动。传统农业模式中，过度开垦、滥用化肥农药、无序灌溉、天然生境的破坏使土壤肥力下降、水资源短缺、生物多样性锐减、土地退化问题凸显。可持续发展的核心理念要求在环境层面对这一系列问题加以审慎反思，并通过制度设计与技术创新达成环境的自我恢复与动态平衡。实现环境层面优化需要集中于多方面的努力。通过推广生态农业，从单纯追求产量转向兼顾产出质量、资源高效与环境友好特征的生产方式，可在不牺牲农业产能的前提下减轻生态压力；合理耕作制度、绿色防控技术、节水灌溉、精准施肥以及农田生态廊道建设等措施，有助于在农田尺度上形成更稳定的微生境，恢复和维系土壤微生物群落的丰富度和活力；同时，在大尺度范围内推进土地利用规划的优化调适，将脆弱生态区域纳入保护与修复计划，对天然林、湿地、河流源头与草场实施分类管理，维持区域水源涵养功能与整体生态平衡。

可持续发展强调环境价值的整体性，需要在制度层面对资源定价和环境补偿机制进行完善，将环境保护纳入经济决策框架之中。通过创立生态补偿基金、实施环境税费或生态补偿支付等方式，使那些主动维护环境功能的农村地区获得经济上的正向激励。基于科学监测、数据评估和信息共享，构建环境预警与响应机制，有助于在出现压力时及时作出调整，避免生态系统陷入不可逆转的崩溃。

4. 综合平衡发展

综合平衡是农村可持续发展的核心思想，以经济、社会、环境三维度为基础，通过多重互动机制寻求长期稳定与共赢。当单一维度的发展目标被孤立考量时，往往导致偏颇的决策导向：过度强调经济增长会压榨自然资源，引发环境退化与社会不公；过度关注社会福利提升可能在缺乏经济支撑下难以持久；仅聚焦环境保护而不顾生产与消费需求，则可能使农村经济与社会活力逐渐萎缩。唯有在综合平衡的框架中，将这三大领域嵌套于统一的治理逻辑中，才能实现良性循环。

这类综合平衡在实践中体现为政策设计的统筹与制度创新。农业政策不应只关心产量与价格，而应将农村就业、乡村文化景观保护、生态修复目标纳入评估指标，使经济利益与社会福利、生态效益彼此协调。基础设施建设不仅服务于人口流动与货物流通，也可成为优化村庄布局、引导资源合理分布的契机。社会治理机制则要适应多元主体共存的现实，引导不同利益相关方通过对话、协商、利益交换与合作达成共识。在这一过程中，公共政策扮演调控者与仲裁者的角色，通过法治建设、社会激励与约束、信息透明与监督，提高决策质量和执行效果。技术进步与信息化手段对于综合平衡至关重要。借助精准数据分析与动态监测，可及时捕捉产业结构的变动、人口分布的变化与环境质量的波动，从而在早期就对潜在风险加以干预。信息化系统还能促进知识流动与经验交流，使农村地区得以借鉴他人成功案例或失败教训，减少路径依赖与重复劳动，以更低成本、更高效率达成可持续发展的目标。

综合平衡不仅改变农村内部的结构与运行逻辑，更通过城乡互动和区域协同将效应辐射至更大空间。农村为城市输送优质农产品与生态产品，城市回馈资本、技术与制度支持，二者形成互利共生、持续演进的关系。综合平衡使农村不再是被动适应外部环境变化的消极接受者，而是能主动塑造自身与周围环境关系的积极主体。

（三）农村可持续发展与城乡协调发展的关联

农村可持续发展与城乡协调发展之间存在一种内在的逻辑关联，是双向互动、相互促进的进程。城乡关系不仅表现为地理空间的邻接与区隔，更是生产要素、产业链、资源配置及政策实践的动态组合。当城乡之间实现合理分工与协作，农村可持续发展的基础方能更加稳固。农村地区在生态系统服务、特色农业生产与文化资源传承方面拥有独特价值，这些价值在完善的城乡协同网格中可以转化为市场竞争力与社会创新力。依托城市市场、技术、信息以及教育医疗等社会服务体系的外溢效应，农村得以优化资源使用结构，改善产业层次与产品品质，从而提升农业收益，稳定农村人口生计，增强社会韧性。通过制度性安排与政策引导，城乡之间的人流、物流、资金流和信息流得以形成持续而有序的交换过程，这种多维度的互动过程不仅促进乡土经济的转型升级，更使农村具备应对风险与环境变化的调适能力。

在城乡协调发展框架中，农村的环境基础与城市的产业支持相互嵌套，构成一种跨区域的、流动性极强的系统网络。农村通过合理利用自然资源与生态条件，为城市提供食品、安全食材、清洁水源与宜居环境基础；而城市则将资本、技术、文化创意与基础设施提升能力等输出到农村，为后者提供产业延伸与生态改善的动力支点。这一过程对农业产业链的纵向延展与横向拓展都产生了深远影响。农产品不再局限于初级形态，而是在加工、流通与品牌塑造环节得到增值，提升竞争地位与议价能力。农业之外的新产业形态，如乡村旅游、自然教育、生态修复经济，以及基于本地资源优势的创意经济，都能在面向城市需求与国际市场的开放格局中获得成长空间。这种城乡间资源与要素的深度融合，让农村可持续发展不再是自给自足的内部调节，而是以更广阔的时空尺度重构产业生态圈，在对接城市的基础上不断迭代自身的结构与功能，从而达到经济繁荣、社会稳定与环境和谐三者协调的动态平衡。

这种关联不以某一方的绝对主导为基础，而是通过均衡博弈与协同决策呈现出优势互补的演化路径。当农村地区将自然本底条件加以科学运用，并将传统文化内涵转化为特色资源，城市的知识创新与资本运作便能赋予其更丰富的价值诠释方式。城乡互动的过程让各类要素在空间格局上实现最优流动，缩小区域发展落差，减少产业错配，从深层次上避免经济、社会、环境在农村领域的失衡积累。由此，农村可持续发展不再是孤立存在，而是与城市发展相互映射、相互作用，共同构建出满足当代需求而不损害未来世代福祉的整体性发展格局。

二、从多重角度看农村可持续发展的重要性

（一）生态角度

从生态视角探究农村可持续发展的重要性，需着眼于农业生态系统内部结构与功能的长期平衡，通过妥善处置关键生态要素，从而为生物多样性与食品安全提供坚实保障。此种发展理念不仅有助于维持自然资源的永续利用，更能在内外部环境剧烈变化的条件下维系乡土社会的生存基础和经济持续增值的潜能。若在未来的农村经济转型中能够始终坚持此种生态导向，将有望塑造出一幅与自然和谐共生的现代田园图景。

当代农业生态系统在高强度开发和产业化冲击下已多次显现出结构性脆弱与功能失衡。长期过度施肥、滥用农药、单一品种种植模式的蔓延，使耕地生物群落逐渐趋于简单化与退化，农业景观的多样性与稳定性不断缩减。通过可持续发展理念的具体实践，可在农村环境中导入多层次、多梯度的生态设计策略，使生物群落在微观层面保持动态平衡。合理布局农田、林地、草地与湿地空间，利用自然植被和地形特征构建分散且互联的生态廊道，使不同物种间形成稳定的互惠关系。借助此类生态化手段，不仅能够削弱病虫害集中暴发的可能性，并可在气候极端事件中提高农田生产系统的韧性。这一由稳定性与多样性支撑的农业生态基础，对于农村社会的持久发展意义尤为深远。

维护农业生态稳定并非仅止于生物多样性的优化，更应落实在对土壤、水资源、森林、湿地等关键要素的深度保护和精细化管理之上。在

此过程中，土壤作为最基本的生产载体，对作物生长、土壤微生物群落结构及养分循环有着决定性影响。通过减少化学肥料与农药投入、改进轮作与间作模式，营造有机质丰富、孔隙度高且物理结构良好的土壤环境，可持续提升土地生产力。水资源利用同样应置于重点考虑之列，以高效灌溉、雨洪调蓄、湿地恢复与植被涵养为基础，令水循环体系在农业景观中趋于稳定，使地下水位、地表径流与土壤湿度保持在适宜范围，进而增强农田生态系统对干旱、洪涝等风险的缓冲能力。森林与湿地作为重要的生态屏障与物种栖息地，更需严肃对待其保护问题。通过推动林地合理经营、湿地生态恢复，提升其对碳固存、微气候调节、水体净化与生境连通性的综合贡献，使农村环境中各类生态要素间形成良性循环，从而有效缓解农业生产对自然资源的持续消耗。

在确保农业生态基础稳固与各类关键资源合理配置的基础上，为生物多样性和食品安全提供有力保障是农村可持续发展的核心诉求之一。多样化的生物资源蕴含丰富的种质和基因库，是未来农业应对病虫害变异、新兴病原体侵袭以及气候异常事件的关键储备。当传统作物品种因环境或市场变化而受挫时，本地适应性较强的地方品种或野生近缘种往往可为农业拓展生存空间，确保粮食生产在长周期内保持相对稳定。通过在农田生态系统中营造多元化生境，不仅有助于维持昆虫传粉者与天敌群落的生态平衡，减轻对外部化学投入的依赖，还能通过套种林果、立体农业和合理休耕等方式，分散单一作物失败的风险，使粮食安全更具韧性。从这一角度出发，保护农业生物多样性相当于为农村社会积蓄了一笔可在未来风险情境中灵活调用的自然资本储备。此类自然资本不仅提供物质层面的生产力与营养供给，更为农业社会的长期生存与繁荣奠定稳固的生态基石。

（二）社会与文化角度

从社会与文化维度探究农村可持续发展的重要性，在于保持地域性

27

文化沉淀的延续，促使乡土社会结构的稳定与适应性转化，并在内部凝聚、公共服务、生活质量提升等方面构建面向未来的文化与社会基础。在这一发展路径中，传统文化元素并非僵化不变的遗产，而是通过代际传递与社区互动不断更新的活态符号。无论是农事节庆、礼俗仪式，抑或手工技艺、村落风物，均承载着特定地域社会的价值理念、审美倾向与人伦规范。这类根植于土壤深处的精神遗产，不仅为乡土社会提供精神标尺，更在变革与创新的历史进程中，为农村应对外来影响与内部转型提供清晰参照。借由在新旧交织中凸显传统文化价值，农村得以在宏观社会结构调整与内部人口迁移背景下，仍维系延续性与认同感，从而减轻城乡一体化进程中固有的文化断裂与精神流失。

传统文化与生活方式的传承意味着社会内部关系网的延展与巩固。不同家族的族谱传记、宗族祠堂、季节性聚会、岁时礼俗，多重社会关系元素得以在此绵延。由此形成的乡土社会结构不仅奠定了稳定的人际秩序，也在口耳相传、技艺传授与村规民约的执行中，将群体成员紧密联结于特定的道德与规范框架内。通过此类制度化与非制度化的文化传承过程，村社成员能够在经济活动、土地使用与劳动力调配中以信任为纽带，减少决策成本与内部摩擦。这一稳定的社会结构，使农村得以从容应对发展过程中的外部冲击，无论产业升级、资源配置还是政策调整，都可在已有社会资本存量的前提下较为顺利地完成适应性转化与内外联动。

在此基础上，凝聚力与社会资本的强化为农村可持续发展奠定了坚实基础。社会资本作为一种无形资产，不仅表现为人际关系的信任与互惠，更通过合作网络、信息渠道与基层组织体系的健全，实现内部协调与群体共识的提升。传统文化符号、民俗活动以及公共空间的定期使用，往往构成了社区成员相互熟识与情感交流的舞台。在这一舞台上，语言风格、故事传承、村落景观与生活仪式共同塑造着特定区域内的群体记忆与归属感。借由对这些文化资源的合理保护和创新利用，村社不但可在经济竞争中通过品牌打造、特色产品开发与生态旅游创意活动获取更多机会，也可在风险来临时以互助互济的方式抵御危机。从集体议事厅到农民合作社，从地方文化团体到乡土教育机构，各类组织在这一语境中共同运转，令村民在内外关系网络中不断积累互信与支持。由此，农村社会不仅能维护内部层面的安全感与共识度，更能为环境保护、产业革新与资源共享等宏大议题提供有效的基层响应平台。

公共服务水平与生活质量的有效提高，对于减少贫困与不平等及促进农村社会公正具有重要意义。教育、医疗、基础设施建设、社会保障体系与公共文化空间投入，不应局限于基本满足，更须以可持续理念为指引，通过体制创新、资金统筹与地方自治实践的深化，使公共资源在农村社会的分配与利用趋于合理。在这一进程中，以传统文化为依托的学习与传播机制可提升教育的乡土认同度，使青少年群体在接受现代知识体系的同时，不致与本土文化体系脱节。医疗服务的下沉与适度调配，可在尊重本地卫生观念和习惯之余，配合社会组织与民间医师的角色发挥，以求在传承传统医药知识与优化营养结构的过程中，提高整体健康水平并减轻疾病负担。基础设施建设与资源分配的公正实施，通过乡村民主议事程序与公共评议机制的完善，可使交通、水利、电网与数字化信息服务真正渗透至偏远地带，避免在市场逻辑下对边缘人群的排斥。公共文化空间的营造，通过图书室、乡村剧场、露天影场与文艺团队的定期巡演，使农民在生活半径中拥有更多精神休憩与审美提升的机会，同时在多元文化交汇中拓宽眼界、丰富生活内涵，进而弥合城乡间因信息、资源不均而导致的精神与物质鸿沟。

从社会与文化角度出发，农村可持续发展的关键内涵在于为乡土社会提供一条以长期稳定、内生动力与公平共享为导向的发展道路。基于这一思路，传统文化与生活方式得以在现代化浪潮中重获新的历史使命，成为维护社会结构稳定的基石；在社区内部凝聚力与社会资本日渐深厚的情况下，农户与村落个体不再只是经济要素的单向配给者，而是集体行动与互利协商的能动参与者；公共服务水平与生活质量的提升，更为减贫与反不平等提供了务实路径，并使农村在与外界交流互动中能够保持独立价值判断与文化自信。透过多层面、多维度的社会与文化运作，农村可持续发展得以将人文遗产、社会组织体系与公共资源配置相互交织，在延续乡土文脉与社会结构连续性的同时，为未来的发展愿景塑造出兼容传统与现代的文化生态空间，从而确保乡土社会在漫长历程中始终保持内在活力与文化根基。

（三）经济角度

从经济视角对农村可持续发展的重要性展开审思，意在探寻在现代化进程加速与市场格局频繁波动的背景下，如何通过合理配置生产要素、拓展产业范畴与强化资源管理等手段，使乡土经济获得可持续的成长动能与长期稳定的基础收益。在这一过程中，提高农业生产效率，确保农业增值渠道的长期畅通，并不只是为满足粮食供给、增加农民收入，更关涉从传统农业领域向复合型农村经济体系演进的整体战略考量。当农业领域的规模化经营、技术创新、土地产权制度改革以及新型经营主体的培育在实践中不断推进，将有助于优化生产与流通环节的成本结构，使农产品供给更趋稳定，价格波动有所缓解，进而在国内外宏观经济格局中赢得一定的话语权与自我调节能力。

农村可持续发展要求不仅停留在提高生产效率的层面，亦必须在经济业态的多元化上持续发力。当农业内部出现越来越多的新品种、新技术与复合生产模式，传统单一依赖主粮与基础农产品的局面便可逐渐转化。通过在生态旅游、有机农业、林下经济、农产品加工、农村电商等多个领域中进行探索，可为农村经济主体创造更多经济增长点与利润来源。在此基础上，生产方式的转型可有效利用当地独特的自然条件与人文资源，将原本闲置或潜在的环境与文化要素转化为市场价值，使乡村不再停留在初级生产活动中，而是能通过延长产业链、提升产品附加值来掌握更大程度的定价权与利润空间。例如，依托林下种植养殖的经济活动，既可提升森林资源与草场资源的利用效率，又可通过有机与绿色认证途径打入高端消费市场，以满足新兴中产阶层对健康安全食品与特色农产品的需求。生态旅游的拓展同样如此，不仅能够利用乡土文化、田园风光、自然生态等多种元素吸引游客，在游憩、住宿、餐饮、文创产品开发与村落节庆活动中实现复合经济效应，还能有效延伸农村经济活动的时间与空间尺度，使地方经济不再囿于季节性生产与市场价格波动的束缚。

在这一发展进程中，资源利用的可持续性与风险抵御能力的强化显得至关重要。众多农村地区在过去的发展模式中未能充分顾及资源的长远回报与价值积累，导致土壤退化、环境污染与资源枯竭现象屡见不鲜。要在经济层面实现对未来的稳定收益，必须将资源管理的理念从简单的开发与利用，转向更加深度的生态循环与价值再造。不仅要强化农业技术与自然资源的科学管理，更需在产业布局中融入风险预估与缓冲机制。通过信息化手段获取气象预测、市场行情、品种特性等要素的前置信息，在决策制定时可对潜在价格波动、气候剧变、疫病侵袭与国际贸易摩擦进行更为理性且弹性的配置。合理的土地利用规划与生态补偿政策的引入，有助于确保森林、湿地与水资源在内的环境资本不被过度消耗，并在长周期中持续发挥其固碳、稳产与调节气候的经济作用。通过这种资源与风险的双向考量，将农村置于宏观经济演化与全球产业链重构的交汇点，不但能保证农产品与相关产业链的长期竞争力，也为区域经济的独特性与韧性奠定基础。

经济效率的提升、多元化产业的培育与长期收益的稳固，三者在农村可持续发展中并非独立存在，而是在动态平衡中彼此促进。当农业增效实现后，农户与合作社便有更多资本与经验投向新产业领域，从而为农村经济结构的升级转型提供动力；当产业形态日趋丰富，则更易分散单一主粮或初级产品对市场风险的过度集中依赖，为进一步提升生产要素配置效率创造条件。当长期收益与风险抵御能力得以增强，各类投资主体将更有信心与意愿对乡村地区进行基础设施建设、绿色金融创新与地方品牌培育，形成良性的"投入—产出—再投入"循环体系，为地方产业链延伸与产业集群的形成创造条件。当这些条件叠加出现，农村经济在应对不确定性时的韧性将会大幅提升，使其不再沦为经济波动的被动承受者，而能以相对主动的姿态在国内外多层级市场中获取适宜的生存与发展空间。

在持续发展的框架下，经济理性与生态理性、社会关怀与产业创新之间并不存在天然的对立，而是可通过政策引导、技术推广、资金扶持与组织协同逐步实现兼容。在这一进程中，农村生产者、农民合作社、专业化服务机构与本地企业应利用市场机制的正向引导，积极拓展创新思路，将生态与文化优势转换为经济增长的资源。学术界与政策部门也可从中获取丰富的研究与治理实践素材，为下一步完善农村产业政策、农村金融政策以及乡村振兴战略奠定坚实基础。

从经济角度着眼，农村可持续发展意味着不再简单地将乡村定位为自然资源与劳动力的低端供给方，而是在产业组织结构、要素配置机制与市场准入条件日趋复杂化的背景下，令农村具备持续生长与自我修复的经济底色。在这种经济逻辑之下，乡土经济将逐渐由传统的单一生产功能向多维度的价值创造平台转化，由脆弱而被动的收益依赖走向稳健而可持续的收益积累，从而在更加广阔的经济格局中获取持久的发展动能与制度保障。

第二章　农村生态环境理论

第一节　农村生态环境的概念与特性

一、农村生态环境的概念

农村生态环境就是以农村居民为主体的生存、生活、生产以及从事其他社会实践活动的物质条件的综合。[①]

农村生态环境指的是以农村居民为核心主体，以其生存、生活、生产乃至更为广泛的社会实践活动为基本轴心而形成的物质与能量交换、信息与资源流动的综合性生态系统。这一概念强调人与自然之间的互动过程，既包括自然资源的数量与质量、土地与水体的空间格局及其内在演替关系，也涵盖农业生产方式、农田生态系统构建、村庄布局形态，以及基础设施、公共服务与文化传统的有机整合。在这一体系中，不同要素相互关联、彼此作用，共同构筑了资源、环境与社会经济结构之间的动态平衡。因此，农村生态环境不仅是自然要素与人类活动对空间与时间尺度上的整合表现，而且是农业生产和农村社会维系所赖以存在的整体性基础，对农村可持续发展、粮食安全、生态平衡与社会和谐均具有深远意义。

二、农村生态环境的特性

农村生态环境的特性主要体现在以下四个方面。

（一）多层级要素的交织与综合性

农村生态环境具有高度的多层级要素交织与综合性特征，这一特征

[①] 周龙弟，查银娣．农村经济管理 [M]．北京：经济科学出版社，1997：135.

体现为自然环境要素、人类社会经济活动以及文化传承之间的紧密互动和协同演化。在这一过程中，地形地貌、水文条件、土壤性质、气候变化和生物多样性等自然要素，与农业生产模式、土地利用方式、村庄空间布局以及社会制度安排紧密相连。农村生态环境的综合性不仅表现为自然资源在时空维度上的分布与组合方式，更折射出人类活动对自然基础的适应、利用与再塑造。由于农村地区的生产生活方式多依赖土地、林地和水体等基础性自然要素，这些要素之间的相互作用不仅决定了农事活动、作物种植结构和畜牧养殖体系的形成与优化，也直接影响着农村居民的生活条件、营养摄取、疾病防控以及环境风险承受度。农村生态环境的综合性还体现为要素互动的动态性和复杂性。

在不同的气候带、不同的地貌类型和不同的社会文化背景下，资源要素的相对组合以及人类对这些要素的选择性利用将产生差异性与多样性。这种多元要素的立体交织使农村生态环境成为一个适应性极强、不断演进更新的有机整体。学理上对农村生态环境的研究需要综合考虑自然科学和社会科学范畴，必须建立在生态学、环境科学、地理学、农业科学、经济学、人类学和社会学等多学科交叉的基础之上，旨在通过各要素之间的相互渗透与影响关系，深入把握该环境体系的生成逻辑和功能机制。正是这种多层级与多维度的特征，使农村生态环境始终处于动态平衡与动态演进之中，为认识和优化该环境体系提供了丰富的理论空间与实践路径。

（二）生物多样性与农业生产系统间的动态平衡

农村生态环境的另一个显著特征在于，其内部生物多样性与农业生产系统之间维持着一种微妙而复杂的动态平衡。这种平衡并非静态结构，而是一个随着时间、气候条件、土地利用变迁以及社会经济发展而不断调整和优化的过程。在传统的农耕体系中，农户通过轮作、间作、复合种养等多样化的生产实践，实现了作物、畜禽、水生生物、林木植被之间的相互补益与共生，进而在相对有限的资源条件下最大化地利用土地与环境要素。同时，这种生产系统内生的多样化特征为昆虫、鸟类、微生物等多种生物群落提供了栖息和繁衍的条件，从而促进了生态系统内部的物种丰富度与遗传多样性。这一过程体现为一个具有协同与反馈机制的动态循环：生物多样性为农村生态环境提供稳定的生态服务功能，如土壤肥力维系、有害生物控制与水质净化；而这些功能的持续发挥又进一步确保农业生产的稳产、高产与风险分散。现代化、集约化农业生产的发展在一定程度上打破了这种平衡，其过度依赖化肥、农药和单一品种种植导致生物多样性下降，生态系统服务功能衰减，土壤与水体污染风险上升。

如何在工业化与生态化的张力中重新寻回或构建农业生产与生物多样性之间的动态平衡，成为农村生态环境治理和可持续发展的重要议题。为此，需要在政策设计、技术研发、生产实践与文化价值引导等层面通力合作，将生态文明理念内化于农业生产活动之中，通过多样化的生态农业体系和生物友好型的农事操作来恢复、维持并强化生态服务网络，从而在保障粮食产出的前提下，重建人与自然和谐共处的生态根基。

（三）区域差异与文化嵌入性

农村生态环境表现出鲜明的区域差异和深深的文化嵌入性。这意味着，不同地理背景与气候条件下的农村区域，尽管在宏观结构上同属农业生产和乡村生活的生态场域，却呈现出截然不同的自然生态特征、资源配置方式和社会实践形态。高寒山区的农村生态环境与沿海平原地区的农村生态环境在土壤肥力、植被类型、物种组成、水源供应、气候适宜度上具有本质区别；而平原灌溉农业区与雨养农业区的土地利用策略、农事操作技术及生态服务需求又不尽相同。这些区域差异不仅是自然条件在空间和时间上的客观投射，也是人类社会长期以来对自然环境因地制宜加以利用与改造的结果。在这一过程中，传统知识、民间技艺、村落规约与地方性制度发挥了关键作用，成为农村生态环境部有机整合、协同运作的重要文化纽带。通过将生态智慧内化于日常生产与生活实践中，农村居民逐渐形成针对本地自然条件的耕作习惯、用水规约、祭祀礼仪以及资源共享机制，从而在潜移默化中塑造了区域性的生态文化景观。这种文化的嵌入性不仅赋予不同农村地域以独特的生态符号特征，也在很大程度上影响着农村生态环境的优化与改良路径。当现代环境治理技术与政策介入乡村时，如果不充分考虑当地传统生态知识与文化价值，往往难以赢得农民的认同与配合。只有将外来的科学技术、管理模式与本地化的环境认知和文化实践相互融合，方能在多重维度上实现农村生态环境的可持续转化与提升。换言之，区域差异性和文化嵌入性不仅构成了农村生态环境的特征，也为未来的生态治理策略设计提供了一种多层次、渐进式的路径依赖和知识框架。

（四）敏感性与脆弱性

农村生态环境作为一个对自然资源高度依存的综合体系，在面对外部干扰和内在变化时表现出显著的敏感性与脆弱性。这种敏感与脆弱不仅源于自然要素本身的多变性（如气候变异、极端天气、土壤退化、水资源短缺），更与人类活动密切相关。当过度利用与不合理开发导致土地肥力下降、生物多样性降低、水体富营养化、环境污染加剧时，农村生态环境往往缺乏迅速恢复原有状态的弹性和韧性。尤其是在经济全球化和气候变化的宏观背景下，国际农产品市场波动、环境保护政策调整、劳动力流动与人口老龄化等社会经济因素，也在不断改变农村生态环境的结构与功能，使其在资源匹配、生产布局以及环境承载力上更趋于不稳定。

敏感性与脆弱性的突出，使农村生态环境更容易受到突发性事件的冲击（如病虫害暴发、极端天气损毁基础设施、市场价格剧烈波动导致农业生产链条断裂），同时也更需要在治理策略上注重预防性、预警性和恢复性措施的综合运用。在学术研究中，需要通过构建合理的风险评估模型、监测指标体系和评估框架，对农村生态环境的脆弱环节加以识别，并有针对性地提出调适方案。而在实践层面，应通过完善基础设施、优化土地利用、改进农业技术和引导产业多元化，以提高农村生态环境应对不确定性的承载能力和恢复潜力。敏感性与脆弱性的存在，决定了农村生态环境不仅需要在日常管理中提升弹性和稳定性，更要在长期规划中充分考虑气候变化、资源安全和社会经济转型的不利影响，为未来的可持续发展留出足够的制度空间与技术保障。

第二节　农村生态环境各类要素相互作用机理

在农村生态环境这一复杂而多维的系统中，不同要素的相互作用构成了其功能运转的根基。这些要素不仅包括土壤、水体、大气、生物群落等自然基础条件，还涵盖农业投入品、基础设施乃至传统知识与文化习俗等人类活动介入的因素。在漫长的历史进程中，这些自然与社会要素的交织赋予农村生态环境的多样性与动态性，使其在面对外部扰动和内部演变时既展现出一定的组织与适应能力，又潜伏着潜在的脆弱性与不确定因素。本节将着重分析农村生态环境系统中各类要素的特征与层次关系，梳理它们之间能量、物质与信息流动的内在机理，并探讨其协同耦合与动态平衡所蕴含的治理启示。

一、农村生态环境物质要素的构成与时空特征

在农村生态环境中，了解物质要素构成是理解整个系统结构与功能的基础。通过考察土壤、水体、气候以及植被与动物群落等自然条件，

并综合考虑化肥、农药、基础设施与生产工具等人类活动所引入的物质性因素，可以更为全面地洞察农村生态系统的物质基础与运转逻辑。物质要素不仅是简单的"构件"，更是一系列相互交织的"载体"与"平台"，通过支撑生物生存、维持生产活动和调控环境质量，为整个农村社会与经济体系提供稳定的保障。

在自然要素方面，土壤是最基本的核心之一。作为作物生长、微生物繁衍与生态过程发生的物理与化学介质，土壤的结构、质地、有机质含量以及微生物群落组成直接决定着农业生产的产出水平和环境系统的稳定性。高质量的土壤不仅能为植物根系提供足够的养分和水分，也能通过复杂的生物化学过程将有机残余物转化为有效养分，同时具备一定的污染物吸附与缓冲能力。相反，若土壤长期受到化学投入品滥用、过度耕作、盐碱化和水土流失的影响，则其结构与功能必将遭到破坏与削弱，最终导致农业生产力下降、生物多样性退化和环境风险上升。

与土壤同样关键的是水体与水资源要素。农村生态环境中的水体包括地表水（河流、湖泊、池塘、湿地）、地下水以及降水所形成的动态循环系统。水体在农村环境中具有多重功能：它不仅为动植物生存提供最基本的生理条件，也承载了营养循环、土壤水分补给以及局地小气候调节的重大使命。在传统农耕社会中，人们通过修建沟渠、挖掘水井、构筑梯田和蓄水池来实现水资源的有效配置和稳定供给。这些水利工程技术在很大程度上塑造了当地景观格局与土地利用方式，也为区域性的生产活动提供了稳定的条件。然而，水资源并非无限且永恒可靠，随着人口增长、产业调整以及气候变化的影响，水体污染、地下水位下降与水质恶化现象在部分农村地区越发显著，引发生态环境恶化和人居条件下降等一系列问题。

气候与大气要素也在农村生态环境的时空维度上扮演着重要角色。气温、湿度、降水量、日照时长、风向与风速等气候参数直接影响着作物的生长季节与耕作周期，左右农业生产的时序与产量变动。气候条件越稳定、适宜,农业生产的可预测性越强,风险管控成本也越低。反之,气候不稳定与极端天气事件(如干旱、洪涝、冰雹、台风)会对农村生态环境造成难以预估的冲击,使农作物产量锐减,农业生态系统内部平衡遭到破坏。大气元素(如二氧化碳、氧气、氮气、臭氧、微量气体以及大气颗粒物等)则通过光合作用、蒸腾作用、呼吸作用以及生物化学相互作用影响着整个生态网络运转。当大气中有害气体与污染物浓度升高时,农村生态环境的健康水平必然受到影响,进而对农业生产、生态安全以及人类健康带来长期负面影响。

在农村生态环境中,植被与动物群落构成了一个生机勃勃的生物圈层。这些生物要素的时空分布与生态功能对环境过程的调控作用不容小觑。植被作为初级生产者,通过光合作用将太阳能转化为生物质能,为整个食物链提供能量来源;它们的根系结构对土壤的稳固、防止侵蚀、水分保持具有重要作用。在森林和草地等自然或半自然植被覆盖下的农村区域,植被不仅能减少气候变化带来的不利影响,还能提高生态系统的韧性与抗干扰能力。与此同时,野生动物与家畜家禽在食物网中分别扮演着消费者与受益者的角色,通过捕食、传粉、种子扩散和营养元素回收,动物群落为农村生态系统的功能维持、病虫害调控和生物多样性保护贡献着力量。

然而,农村生态环境中的物质要素并非仅由自然条件构成,人类通过各种方式介入、修改甚至重塑了这些物质条件。以化肥、农药、地膜和农用机械为代表的投入品是人类为了提高产量与效率而引入生态系统的外部物质元素。这些投入品在一定程度上满足了粮食与经济作物的生产需求,也减少了劳动力成本与资源消耗的不确定性。但长期过量使用化学投入品会破坏土壤结构和微生物生态,增加面源污染风险,并最终损害农村生态环境的整体稳定性。此外,基础设施建设(如道路、桥梁、水渠、电力系统与通信网络)为农村地区提供了便利条件,但同时也可能改变局地水文循环、土地利用格局与景观生态学特征。从长期发展来看，人造物质要素对自然环境的干预既可带来积极效应，也潜藏潜在危机。

二、能量流动与物质循环在农村生态系统中的机制

从更为宏观的视角出发，农村生态环境的基础运转逻辑不仅依赖其物质要素的构成与分布，更体现于系统内部能量流动与物质循环的动态过程。能量流动与物质循环是生态学中研究环境系统功能与结构的核心议题，它们共同定义了生态系统的内在秩序与运行效率。对于农村生态环境来说，研究能量与物质在不同层次的循环与传递，有助于从系统整体性的视角审视农业生产模式、资源利用策略与环境治理方式的合理性与可行性。

能量流动是指太阳能通过光合作用被绿色植物固定为化学能，进而沿着食物链与食物网传递至不同营养级的过程。在农村生态环境中，农业生产是这一过程的核心环节。农作物作为初级生产者，通过光合作用吸收阳光，利用二氧化碳、水和营养物质，将无机要素合成有机物，从而为消费者（包括家畜、家禽和人类）提供营养来源。与此同时，土壤微生物与其他分解者在物质循环中扮演着不可或缺的角色，它们将动植物残体、有机废物和粪肥等分解为更简单的无机化合物和营养元素，重新回归土壤和水体中，从而为植物再次吸收和利用创造条件。这一循环往复的动态系统，确保了能量沿着营养级不断传递与转换，也为农村生态环境保持一定的生产力与稳定性奠定了基础。然而，现代农业技术的广泛采用与扩张，在深刻改变能量与物质循环过程的同时，也给农村生态环境带来了新的挑战。在传统农业体系中，人们依靠自然的力量和有限的人工投入来维持土壤肥力与作物产出，农作物残株、秸秆、禽畜粪便等物质还田是循环利用养分的主要途径。通过这种方式，能量流动与物质循环呈现相对平衡的状态，人与自然之间的交互关系较为紧密且具有区域适应性。随着化肥、农药的大量使用以及机械化耕作的推广，农

业生产从封闭或半封闭的营养循环系统向开放型、高投入的生产链条转变。这在短期内能够提高产量，稳定粮食供应，但在长期内却削弱了本地生态系统的韧性与自我调节能力。

当农田中过量的化学肥料与农药进入土壤和水体，就可能导致营养元素（如氮、磷）的淤积与流失，进而引发富营养化、水体藻类暴发和土壤酸化等问题。这些变化打破了能量与物质循环的平衡状态，使系统中部分环节出现"过量"或"短缺"。过量的营养元素在下游水域沉积，导致水质恶化和生物多样性受损；而土壤肥力若过度依赖外来化肥输入，将导致土壤有机质含量下降和微生物活性降低，最终影响作物产量和环境稳定性。这种不平衡的循环状态使农村生态环境对外部干扰越发敏感，难以应对气候变化、市场波动和政策调整的多重挑战。在应对这一困境时，需要回归到系统生态学的整体思维方式，重新审视能量与物质的输入、存储、转化与输出过程，并在必要时通过生态工程与环境治理措施对循环机制加以优化。其一，减少对外部化学投入的依赖，将生物多样性提升和土壤有机质改良作为重建营养循环平衡的重要策略。例如，通过秸秆还田、绿肥种植、堆肥技术、有机肥替代化肥以及精准施肥等手段，可在提高土壤肥力与养分利用效率的同时，降低环境负荷。其二，整合传统知识与现代技术，推动农作制度创新，如轮作、间作和复合农业模式，利用不同作物种类和生物群落之间的互补性优化能量与物质循环。其三，借助信息技术和大数据分析工具，对区域内营养循环和能量传递过程进行监测与建模，从而实现精细化与可持续的生产调控与资源管理。

从实践经验来看，一些生态农业和循环农业的成功案例为人们提供了重要启示。例如，在有机农业或生态农场中，尽可能减少化学肥料的投入，通过增加土壤有机物含量和植被多样性来维持生态系统内部的自然能量流与物质循环。这不仅提高了产出质量与农产品附加值，更重要的是增强了系统的稳健性和适应性。当极端气候事件或市场变化袭来，这些相对"内源平衡"的生态系统更有能力承受冲击，并在事后较快实现功能修复。在学术研究领域，对农村生态环境中能量流动与物质循环机制的探讨也应进一步深化。通过田间实验、长期定位观测和模型模拟，可量化不同农业策略对能量转换效率与营养循环平衡的影响。与经济学、社会学相结合，研究者还可评价不同环境政策、补贴制度和市场机制对生态循环模式的推动或抑制作用，从而为公共政策制定提供实证依据。

三、信息交流与生物信号传递对环境平衡的意义

在物质与能量之外，信息交流与生物信号传递是农村生态环境中另一个极其重要但往往被忽视的维度。信息流并非物质形态的实体，却通过基因表达、生化信号、行为模式、知识传承和制度安排等途径，塑造并调节着生态系统内部各组成部分的交互关系。只有深入理解信息交流在农业生态系统中的地位，才能更清晰地把握生物多样性维系、生态服务实现以及人类与自然互动的深层逻辑。

在自然层面，不同生物物种之间通过多种信息介质实现交流：植物可以利用化学信号分子（挥发性有机化合物）在受到害虫侵害时吸引天敌昆虫，从而构建起隐形的信息网络来实现生物防治；细菌、真菌和其他微生物群落之间通过信号分子协调集体行为，为养分循环与土壤团粒结构形成提供基础；昆虫、鸟类及小型哺乳动物利用视觉、声音、气味、触觉信号寻找食物、寻找伴侣或构建巢穴，在无形中促进了种子传播、传粉与病虫害控制。这些信息流转的过程使农村生态环境在面对干扰与变化时具备一定的自我调节能力与弹性。当环境条件改善或恶化时，生物群落会通过信息反馈快速调整行为与策略，以适应新的条件并维持整体系统平衡。例如，当某类病虫害频发时，相关害虫天敌族群数量和分布会在一定滞后时逐渐增加，形成某种动态稳定的捕食者—被捕食者关系。当外部环境中的营养条件或水分供给出现异常，微生物群落也会通过信号传递重新分配生态位与资源利用策略，以缓解短期冲击。

在社会文化层面，信息交流与知识传递对农村生态环境的管理与调控起着不可替代的作用。在传统农业社会中，农民通过口述与实践积累了丰富的地方性知识（Local Knowledge），他们了解何时播种、何时收获，如何判断天气变化和病虫害征兆，怎样利用自然植被与野生生物实现生态平衡。这些经验与技艺常常以家族传承、村落规约与农事礼仪等形式代代相传。在现代化和全球化背景下，外来技术与科学知识的引入对地方性知识形成了挑战，同时也创造了新的信息融合与创新空间。当农民学习并采用先进的土壤检测、病虫害预警、农产品溯源与市场信息平台等技术设备时，他们实际上也在参与信息流的重构，从而影响农村生态环境的运行逻辑与治理方式。正因如此，对农村生态环境中信息交流与信号传递机制的研究与实践具有多重价值。一方面，在微观层面，通过理解植物、微生物和昆虫之间的信息信号，可为生物防治、生态农业和有机生产技术的提升提供科学依据。这种生物友好型的生产策略可以减少对农药与化肥的依赖，在降低环境负荷的同时提高农业生态系统的稳定性与可持续性。另一方面，在宏观层面，加强信息传播平台的建设，如农业信息服务平台、农民培训学校、合作社与产业联盟等，可帮助农民快速获取市场与气候信息、农业技术支持与政策导向，从而提高农村社区在环境变化中的决策质量与应对速度。

在实践中，创新型农业生态工程往往将信息科技与生物信号传递结合起来。例如，精准农业（Precision Agriculture）技术利用传感器、卫星遥感与大数据分析，为作物生长与土壤条件提供实时信息。这些信息不仅引导了肥料与水的精准投入，也为病虫害早期预警与生物防治策略优化创造了条件。农户获得这些信息后，可以及时调整生产计划，从而减少资源浪费与环境污染，提高产出效率与生态效益。

然而，信息的作用并非总是正向的。错误的信息、信息不对称以及信息滞后都会对农村生态环境管理造成不利影响。例如，当市场价格信息不及时或不准确时，农民可能会盲目扩大某类作物的种植规模，导致过度利用自然资源和生态失衡。政策信息与技术推广若未充分考虑本地情况，也可能造成资源配置不合理和环境压力加剧。因此，信息治理能力与信息素养的提升，同样是优化农村生态环境的重要环节。

未来的研究与实践应进一步深化对信息流在农村生态系统中的角色的认识。具体策略包括：加强对生物化学信号与生物间信息互作的基础研究，研发更加环保高效的生物防治技术；建立适应不同地区与产业结构的农业信息服务平台，鼓励不同利益相关者（包括农民、科研人员、政府部门、环保组织与农业企业）参与信息交换与协同创新；同时，通过教育与培训提高农民的信息素养，使他们能更自如地利用新兴技术资源来适应环境与市场变化。

四、要素耦合与系统动态平衡对环境治理的启示

在深入探讨了物质要素构成、能量与物质循环机理以及信息交流与信号传递的意义之后，可以从更高层次的角度来审视农村生态环境：要素耦合与系统动态平衡。这一层面强调的是，多种要素之间并非孤立存在，而是在时空维度中以复杂的网络与层次结构相互作用，形成协同或制约的机制。这种耦合与平衡状态既是农村生态环境稳定运转的保障，也是环境治理与政策干预的重要理论依据和实践导向。

在要素耦合的生态学视角下，自然资源（如土壤、水体、植被、动物群落）与人类活动（如耕作方式、科技投入、制度安排）并非相互独立的模块，而是通过能量、物质与信息流实现多层级耦合。这种耦合关系并不总是线性简单的，更常以非线性、滞后效应和阈值效应的方式体现。也就是说，当某个关键要素在某一时刻受到冲击或发生变化时，其后果可能并不会在短期内显现，却会在累计与放大后于未来某个时间点引发连锁反应。正是这类复杂的耦合关系，决定了农村生态环境既能在一定范围内自我调节与修复，又可能在超出临界点后发生难以逆转的系统退化。

　　就环境治理者而言，理解要素耦合与动态平衡是使用相应策略，乃至制定政策的前提。若只关注单一要素（如产量提升或污染削减）而忽略其他相关要素的反馈，治理可能陷入"头痛医头、脚痛医脚"的窘境，从而难以形成长远效益。例如，为了提高粮食产量而无限制增加化肥投入，短期内虽能见成效，但长期来看将导致土壤结构劣化、水体污染和生物多样性流失，这些负面效应会降低系统的整体产出质量与稳定性。在这种情况下，政策制定者应基于系统思维，将资源利用效率、环境风险防范与生态系统韧性建设纳入综合考量。

　　从具体实践出发，要素耦合与动态平衡对治理的启示可以概括为以下几方面。第一，需要构建多学科交叉的研究框架，为治理政策提供科学依据。由于农村生态环境的复杂性，单靠某一学科的知识与方法难以实现对要素耦合机制的全面把握。生态学、农业科学、环境科学、地理学、经济学、社会学、人类学与政策研究的跨领域合作，有助于从多重视角审视环境问题，识别关键耦合环节与脆弱节点，并有针对性地提出治理方案。第二，应积极探索差异化与本地化的治理策略。由于不同区域的农村环境具有独特的自然条件与社会文化背景，要素耦合关系的具体形式与功能效应也各不相同。就高寒山区而言，水土流失与气候脆弱性是关键环节；就南方水乡而言，水资源管理与湿地生态保育是核心议题；就粮食主产区而言，土壤肥力与产量稳定性是治理重点。唯有充分考虑这些区域差异性，因地制宜地利用不同的治理工具与政策组合，才能实现最大化的生态社会效益。第三，在治理策略上应鼓励制度创新与利益相关者协同参与。要素耦合的复杂性意味着任何单方行为（无论是政府、企业还是农民个体）都难以单独解决系统性问题。需要在地方政府、农户、科研机构、社会组织、企业以及消费者之间建立协同机制，通过利益协调、信息共享、技术培训与资金支持等渠道，实现多赢格局。例如，建立区域性的农业环境合作组织或平台，让农户共同参与土壤质量改进、水资源管理、生物多样性维护等行动，在群体合作下更易实现长远目标。第四，科技创新与信息工具的广泛应用可为要素耦合分析与动态平衡管理提供助力。利用遥感技术、地理信息系统（GIS）、大数据、人工智能等现代科技手段，可实现对农村生态环境多尺度、多维度的监测、模拟与评估。这为掌握要素间耦合规律、预测系统对环境变化的响应和制定情景化的治理方案提供了技术支撑。管理者能够及时获取高精度的环境数据与决策辅助信息，就能对潜在风险做出前瞻性判断，并在临界点出现前采取预防性措施，维护系统动态平衡。第五，要素耦合与系统动态平衡的治理启示也指向了价值观与意识形态的转型。传统的发展观往往侧重短期经济收益，忽略对生态功能与环境容量的考虑。在新时代的可持续发展理念指引下，人们需要从根本上理解环境本身的价值与生态安全的重要意义。唯有在社会层面达成保护与合理利用农村生态环境的共识，才能为要素耦合与平衡维护创造良好的制度文化氛围。在教育与宣传中强化生态文明理念，将自然价值、代际公平与长期利益纳入政策目标，才能真正实现人与自然的和谐共生。

第三节　农业生态系统的服务功能与相关功能的评价

一、农业生态系统服务功能的理论内涵与分类

（一）服务功能的理论内涵

农业生态系统的服务功能概念是理解人与自然相互作用关系与农业生产过程内在机制的关键理论范畴。此概念形成的初衷在于探究农业生态系统内部的生物与非生物要素如何通过多重交互过程，为人类社会提供直接或间接的利益。在构建这一研究理论时，应将农业系统视为自然

环境基础上经长期人工调适与选择所形成的特殊生态复合体，其既承担生物初级生产、营养物质循环、能量转换与生物多样性维持等生态学功能，也承担粮食与纤维供给、文化传承、社会结构维系与生计保障等人类社会发展相关功能。

此理论内涵的构建植根于生态学、地理学、环境经济学与社会科学的跨学科融合。农业生态系统不等同于纯自然生态系统，因为人工管理、科技投入、产业链延伸与市场机制的引入使其成为独特的半自然—半人造生态场域。理论研究强调系统结构与功能的多层面关联。在微观尺度下，土壤微生物活动、作物光合作用与养分吸收、病虫害动态控制、植被群落更新等过程共同奠定了农业生态系统的功能基础。在中观尺度下，农业景观格局、灌溉与水利工程、农田林网配置及基础设施布局构成了支持系统长期稳定运作的环境与生产条件。在宏观尺度下，社会制度、技术体系、政策设计与市场网络则通过制度性安排与经济激励对系统功能的发挥方向与程度产生深刻影响。

这些不同尺度下要素与过程的交织使农业生态系统服务功能呈现复杂性与动态性。研究对此加以界定时通常强调内在的耦合关系，即生物多样性、营养循环与土壤肥力、气候调节与水土保持、文化习俗与农村社会结构等组分之间的互馈。当某一关键因素发生变化时，其影响会沿着生态网络与产业链传递，进而改变系统整体的服务输出特征。理论内涵的核心在于把农业生态系统看作由自然过程与人工过程综合组成的生物—环境—经济—社会复合体，从而使服务功能的研究不再局限于产量增减或环境指标变化，也涵盖对非物质性价值的关注。

这种内涵在学理层面具有跨学科整合意义。生态学试图阐明自然过程的规律性与限制条件，农业科学寻找提高产量与质量的有效手段，环境经济学审视资源配置与市场机制对外部性问题的影响，社会学与人类学探索农村社会的文化价值、地方性知识与社区治理智慧。这些不同学科的视角在服务功能理论中实现相对统一，即通过明确农业生态系统的功能性贡献，将其置于环境保护、社会公平与经济效率兼顾的范式之中。理论内涵并非一成不变的，随着全球气候变化、资源约束条件加剧、人口结构变迁以及消费偏好的转变，农业生态系统服务功能的供给能力与稳定性正在经受前所未有的挑战。这种变化要求研究不断更新理论框架，以容纳新的变量与不确定性。适应性管理理念在此扮演着重要角色，在理论构建时不再将农业生态系统视为可轻易达到均衡状态的对象，而是以动态、弹性和迭代优化的方式看待其功能演变。在这一理论视角下，服务功能的研究需同时关注长期趋势与短期波动，既考察制度改革、技术创新、土地利用政策与国际贸易格局等宏观因素，也注重田间管理措施、农民知识体系、农业投入品使用规范等微观层面的变化。

（二）服务功能的分类

在明确农业生态系统服务功能的理论内涵后，以分类方式对其加以整理与区分有助于提高分析与评价的精度与适用性。分类并非机械地将功能进行简单罗列，而是依据科学标准、逻辑依据与实证证据，将功能特征加以梳理，以展现功能类型、重要程度与相互依赖关系。分类研究的目标在于通过较为清晰的框架，将农业生态系统服务功能从复杂的状态转化为各具侧重、结构分明的类型体系，使研究者与决策者能够在多元目标下进行权衡与选择。

服务功能分类框架的构建通常借鉴已有生态系统服务分类体系，但考虑到农业生态系统的特殊性，需在原有基础上有所调整。常见的基本分类逻辑是按照服务功能在经济与社会层面表现出的效益特征，将其划分为供给服务、调节服务、支持服务与文化服务四大类。供给服务主要涉及粮食、纤维、能源作物、饲料、药用及经济作物等直接物质产品的产出能力。调节服务则涵盖气候调节、水文循环调控、病虫害防治、土壤稳定与水土保持等维系生态系统稳定与功能持续发挥的过程。支持服务被视为其他服务功能存在的前提与基础，如土壤形成、营养循环与生物多样性维护等过程为农业生产体系提供生态底色与保障。文化服务则强调非物质性价值，涉及农业景观的审美特征、地方文化传承、精神体验、教育功能与乡村认同感构建。

在具体分类细化时，不同研究者往往根据区域特点、资源禀赋、技术条件与社会诉求对分类框架作出调整。例如，在水资源匮乏地区，加强对灌溉体系及节水农业实践带来的特定调节服务条目的区分；在生态脆弱区，强调土壤有机质积累、生物多样性梯度维系、植被恢复与荒地利用等支持服务的分级表述；在传统农耕文化深厚的地区，对文化服务的子分类可包括农耕技艺传承、乡土节庆与神话传说、农业景观游憩、农村教育实践场域构建等不同维度。这种区域化和本地化的分类逻辑为政策措施的精准化设计提供参考，使农业生态系统服务功能分类不仅具有理论意义，还能在实践中为资源配置、技术推广与产业规划提供知识基础。

分类研究有助于识别不同服务功能之间的协同与冲突关系。供给服务的提升路径往往与高产、优质、高投入模式相关，但在过度强化供给的情形下，可能对调节和支持服务造成损害。当肥料、农药、地膜等投入品过量使用时，产量提高的同时会引发土壤板结、水体污染与生物多样性降低，对调节和支持服务造成不利影响。通过分类框架对各功能进行独立评估，可以帮助研究与实践主体明晰此类权衡关系。在此基础上可形成综合权衡的决策工具，将多维目标纳入整体考虑，从而实现农业生态系统的可持续优化。分类在定量研究与价值核算环节同样具有方法论意义。价值评估需将不同功能类型对应合适的计量指标、经济学方法与生态学测度技术。供给服务较易通过市场价格或产出数量指标进行度量；调节服务需引入生态模型、气候数据与水文循环模拟工具；支持服务往往对生物群落结构与关键生物指标进行长期监测与分析；文化服务由于非物质属性明显，则需要借助社会学、心理学与人类学方法进行问卷调查、访谈研究、景观评价与经济学非市场价值评估技术。通过分类明确各功能的测度方式与数据需求，为建立多元价值评估模型与比较工具提供了指引。

需强调的是，分类框架并非静态结构，而是随环境、技术与社会演化而调整的动态体系。全球化背景下国际市场波动、气候变化导致的农事季节周期变动、新技术（如精准农业和智慧农业）的应用，都可能改变功能分类权重与优先级分配。分类研究因此需要定期更新与回顾，对新增功能类型（如生态旅游与生态补偿所带来的多重效益）、新型作物品种或新产业链（如生物质能源与生态农产品加工）进行归纳，以确保分类框架与时俱进。

二、物质生产与粮食安全功能的评价

对于物质生产和粮食安全功能的评价，主要从评价维度和评价方法两个方面进行分析。

（一）评价维度

对农业生态系统中物质生产与粮食安全功能开展科学评价需要构建多维度分析框架，从而全面探讨产量、质量、时空稳定性、经济可行性以及适应性等若干关键要素的相互作用。评价维度的选择应基于农业生态系统的本质属性和社会对粮食供应的多样化需求，既要关注产出数量，也要审视生产过程对资源环境的影响与对未来不确定性的承载能力。

数量维度在此扮演基础角色的原因是农作物产量是最直观的度量尺度，通过单位面积产出、总产量增减趋势、不同季节与区域的产出水平比较，可以判断农业生态系统的生产潜力。高产虽为政策与实践的重要诉求，但评价不应局限于绝对数量，还需结合产出率变化、投入产出比与资源效率指标，以揭示在能源、土地和劳动力稀缺条件下的持续增产可能性。

粮食及其他农产品的营养价值、安全性与品质稳定性均对人类健康、食品安全体系构建与消费结构转型具有深远影响。在质量维度的考察中，可纳入农残检测结果、重金属与有害物质含量、营养素组成及感官品质等要素。通过与食品安全标准、消费者偏好趋势和国际贸易规则对照分析，可发现质量指标背后隐藏的生产模式问题，从而为高质量农业生产策略的制定提供参考。

时空稳定性维度强调系统应对气候波动、病虫害暴发、市场价格起伏与政策变化等外部干扰的能力。在此维度下，对长期产量序列与气象、土壤水分、区域土地利用模式的数据的联动分析可辨识农业生态系统的脆弱环节；对年度间产量波动系数、极端气候条件下的抗逆性指标，以及多年度、多地点对比实验结果的整理有助于判断系统的弹性特征。时空稳定性评价还可包含对风险分散策略的考察，如引入多样化作物品种、复合种植制度或分散化生产布局，以期在单点失稳时发挥缓冲作用。

经济可行性维度关注投入成本、价格波动、交易成本与农民收益结构，并通过对产业链的研究阐明资源配置的合理性。资源稀缺性、劳动力转移、资本投入门槛以及技术推广费用均影响农业生态系统的长期生产能力。定量评估可基于投入产出分析、成本收益核算或随机前沿分析，将产量或利润最大化目标与资源环境约束条件相结合。结果不仅可直观显示不同技术与管理模式的经济绩效差异，也有利于筛选经济稳健、风险可控的生产策略。

在气候变化、土壤肥力衰减与生物多样性下降的背景下，农业生态系统需要具备动态调整生产结构与优化资源利用的潜力。引入适应性这一评价维度可借助情境模拟与模型预测手段，将不同气候情境、市场情境与政策变化参数化，分析系统在多种潜在路径下的表现。对比不同情境下的产量损失率、质量退化速度、经济投入回报的变动曲线，可为决策主体在长期不确定条件下分配资源、实施技术升级与制度改革提供方向指引。

在上述多维度结构中，各层面之间相互交织，形成复杂的权衡与协同关系。高产可能以高投入为前提，但质量或环境代价随之提高；质量提升需要严格管控生产过程，但成本可能上升，导致经济效益减弱；提高时空稳定性或适应性有助于减少长期风险，却可能牺牲短期产量最大化。科学的评价并非停留在单一维度，而是通过多维指标的构建、权重分配与集成分析来寻找各维度之间的动态平衡点。

多维度评价模式在理论层面有助于深化对农业生态系统内在机制的理解，在实践层面则为政策与管理决策提供决策支持工具。对决策者来说，不同维度的相对重要性随时间、地域与政策目标调整而变化；对学术研究者来说，可通过引入新的维度（如社会公平性、技术可及性、生态足迹）或在既有维度中细化子指标，提升评价体系的精细度与现实针对性；对农民与相关利益主体来说，这些维度的评价结果可为生产策略、合作组织与农业保险方案的设计提供参考。

从学理角度审视，多维度评价为构建农业生态系统物质生产与粮食安全的复杂性分析框架提供了基础。借助多学科工具与数据资源整合，对不同维度的量化与定性描述可为后续评价方法的选择与指标体系的优化铺平道路。若能持续更新维度内涵与指标构成，并以社会经济发展、技术进步与自然条件演变为导向动态调整评价重心，将有助于在不断变化的世界中保持农业生态系统分析的前瞻性和实用性。

（二）评价方法

物质生产和粮食安全功能的评价方法如表 2-1 所示。

表2-1　物质生产和粮食安全功能的评价方法

评价方法	主要技术或工具	适用范围	应用特点
统计分析与计量经济方法	回归分析、方差分析、相关分析。随机前沿分析、投入产出模型、面板数据模型	微观田间实验研究、变量关联分析	揭示变量间的关系与变化规律，提供定量依据
模型模拟技术	生态模型、气候模型、农业系统模型	产量预测、资源效率分析、生态风险评估	通过参数化过程模拟未来情境，评估不同策略或技术的响应效果
遥感与地理信息系统（GIS）技术	卫星影像、无人机遥感、地理信息系统	区域、流域、国家尺度的空间格局与资源分析	量化土地利用、作物生长状态，捕捉时空格局与资源分布
生命周期评估（LCA）和生态足迹	生命周期评估、生态足迹分析	农业供应链全流程、环境可持续性评估	量化资源投入、能耗与污染排放，衡量生态环境压力
综合指标构建与多准则决策模型（MCDM）	层次分析法（AHP）、熵值法、多准则决策模型	多目标平衡、异质需求与多利益相关者决策	将多因素纳入统一框架，寻找科学与实用兼顾的最优方案

1. 统计分析与计量经济方法

通过收集与整理长期产量数据、气候统计参数、农户生产成本与收益信息、农产品质量检测结果等原始资料，可利用回归分析、方差分析与相关分析等统计学技术识别关键因子对产量与质量指标的影响。在计量经济方法中，随机前沿分析、投入产出模型与面板数据模型可用于衡量资源投入效率、产量弹性与不同区域或时期的生产性能差异。此类方法适用于揭示变量间的关联结构和变化规律，并为后续政策干预或技术推广提供定量依据。

2. 模型模拟技术

生态模型、气候模型与农业系统模型可以在不同时间与空间尺度上对未来情境开展预测。过程导向型模型通过参数化植物生长、营养循环、水文过程与病虫害扩散机制，将气候预测值、土壤理化特性与农艺措施方案输入模型，以模拟不同时段产量、资源利用效率与生态风险的变化趋势。这类模型可用于探索生产体系对不同施肥策略、灌溉制度、耕作技术或品种改良方案的响应，从而帮助决策者在行动前识别可行性与潜在副作用。

3. 遥感与地理信息系统（GIS）技术

高时空分辨率卫星影像、无人机遥感与地理数据集成平台可在区域、流域乃至国家层面上量化土地利用格局、植被覆盖度、作物生长状态、气象异常分布与水资源条件。将遥感信息与地面观测数据、农业统计数据库相融合，可有效识别区域生产潜能、资源配置不均与环境压力热点区域。这类技术还可通过时序分析捕捉产量稳定性和质量变化的时空格局特征，为跨区域比较和宏观层面政策制定提供客观依据。

4. 生命周期评估（LCA）和生态足迹

生命周期评估通过追踪从种子生产、耕作管理、田间收获到加工、储藏、运输与消费的整个供应链环节，量化资源投入、能耗和污染排放，以揭示农业产品的环境代价和系统整体的可持续程度。生态足迹分析采用标准化的土地面积转换指标，将资源消耗与废物产生转换为生态占用，衡量农业生产对生态环境承载力的压力。这些方法可与产量、质量和经济收益指标相结合，构建多维度的综合评价体系。

5. 综合指标构建与多准则决策模型（MCDM）

MCDM 方法通过为不同评价指标设定权重、构建综合评价指数或采用层次分析法（AHP）、熵值法等技术，将产量、质量、安全性、经济可行性与环境影响等因素纳入统一框架。该类方法适用于在多元目标平衡、异质需求与多利益相关者决策的条件下寻找最优平衡点，使评价结果兼顾科学性与实用性。

在应用以上评价方法时，应根据研究问题的复杂性与数据特征选择恰当的工具。对微观水平的田间实验研究，可优先采用统计与计量方法，并辅以简单模型模拟；在区域与政策层面分析中，可引入遥感 GIS 技术与大数据方法，实现空间格局分析与长周期趋势预测；当评价任务涉及环境承载力、可持续性与长期战略规划时，可将 LCA、生态足迹与综合决策模型纳入工作流程。同时，必要时可采用定性研究与定量研究相结合的方式，通过专家访谈、农户调查和利益相关者会议收集难以量化的经验判断与价值观倾向，将定性信息与定量分析结果相互校验和补充。随着农业技术升级、信息化水平提高与数据资源丰富度提升，评价方法的创新和组合应用具备更加广阔的前景。未来可考虑引入机器学习和人工智能技术，对多源数据进行快速处理与模式识别；同时可将不确定性分析、敏感性分析纳入研究流程，以检验模型与数据的稳健性和可靠性。从学术视角出发，评价方法的进步为深入理解农业生态系统物质生产与粮食安全功能的内在机制与演化路径提供了强有力的手段，也为政策优化、产业布局调整与风险管理制定奠定了技术基础。

第四节　农村生态环境优化与可持续发展理论框架

一、优化原则

相关理论研究强调，将农村生态环境视为一个复杂的"社会—经济—自然"复合系统，在优化过程中应考虑资源与环境要素的有限性与不可逆性，关注社会结构变迁与产业格局调整的内在关联。理论视角下的优化原则不仅涉及对自然承载力的尊重与保护，也包括对农业生产效率提升、社会公平与文化价值延续的审慎平衡。

在优化这一系统时，一项被广为认可的原则是以生态系统健康与功能持续维系为前提。农田生态系统、乡村景观结构与水土资源基础构成了环境质量与生产活动的底色。若环境基础发生衰退，农业生产将面临产量与质量的长期下降，而居民生活条件与公共健康水准也易受到不利影响。优化原则强调有必要将生物多样性、土壤肥力、水资源可持续利用与局地气候调节能力的维护纳入目标体系。此类约束条件并非外在强加的，而是源于农业生态系统内部运行逻辑对稳定性与韧性的不懈要求。

另一关键原则在于兼顾经济可行性与社会福祉保障。优化并非单纯追求环境指标改善，还需要在土地资源、劳动力供给与资本投入约束下实现产业结构合理化、市场机制健全化以及生产链条延伸与升级。在区域经济运行体系中，规模化经营、合作组织创新、农业保险制度设计与公共基础设施完善均可影响优化路径的可操作性与稳定度。为实现可持续发展，需要在利润最大化逻辑与公共利益追求之间寻求平衡点，使环境质量改善与农户生计提升形成正向关联。

理论层面，对优化目标的定位还关涉长期稳定性与风险分散的考量。气候变化、市场波动与政策调整常导致农村生态环境承压。在优化框架中应设定提高系统抵御冲击、快速恢复与适应新条件的能力为隐含目标，以应对长期不确定性。可考虑优化土地利用格局，使多样化作物、复合种养体系与生态屏障建设有效分担单一产业依赖的高风险性。研究指出，多元化生产模式能在资源约束条件下对冲极端天气与价格波动所带来的潜在损失，从而在经济安全与食物安全层面体现出明显益处。

社会公平与文化延续是优化原则与目标定位中不可忽视的要素。传统农业知识、地方技艺与文化景观长期内化于农村生态系统的实践逻辑中，在资源配置、环境认知与农事时序上形成独特智慧体系。优化过程若一味追求科技投入与机械化水平提高，而忽略地方性生态知识传承、社会弱势群体权益与农业社区的文化身份认同，易产生利益分配不均现象及社会凝聚力下降问题。理论研究呼吁优化原则应将多元利益相关者参与度、话语权与决策影响力的考量纳入框架，以确保资源分配与政策执行具备合法性与正当性。

二、理论框架构建与路径设计

（一）理论框架构建

其理论框架主要分为要素梳理、指标体系构建与分析工具集成三个部分。

在农村生态环境优化与可持续发展研究中，理论框架的构建过程需要充分考量系统构成要素的多样性与耦合关系。此类要素涵盖了自然资源基础、农业生产结构、社会经济条件、制度与政策安排、文化与知识体系等多重层面。识别各类要素在系统中的地位与作用，需要依托翔实的实证资料与多学科理论支撑，对生产活动、资源利用、环境效应与社会过程间的关联机制予以深入解析。

在构建理论框架时，需面向异质性显著的农村生态环境展开要素梳理工作。在不同区域情境中，土壤类型、气候条件与水资源分布状况表现出空间差异，生产模式、投入结构与产业链延伸程度各异，社会经济结构、农户组织方式、政策导向与文化传统形成了复杂的外生条件组合。要素梳理旨在通过细致的数据采集与分类编码，将自然条件与人类活动所涉及的变量纳入同一分析逻辑，并尝试寻求影响机制上的共性规律。对土壤肥力、水体质量、生物多样性、气候变率、农田基础设施条件，以及耕作制度、农户决策偏好、市场价格信号、土地权属制度特征的系统性整理，有助于在理论框架中获得一套清晰的变量谱系。

要素梳理完成后，理论框架亟须建立指标体系，以期为后续研究提供具备操作性与可比性的度量标度。指标体系的设计需遵循科学性与适用性的基本要求，使每项指标尽可能准确地反映特定要素或过程在系统中的功能地位与意义。在资源环境类指标中，可选用土壤有机质含量、有效养分浓度、植被覆盖率、水体营养盐浓度等量化参数；在生产功能类指标中，可借助单位面积产量、农产品质量合格率、耕地利用效率或能源投入产出比进行衡量；在社会经济类指标中，可运用农户收入水平、劳动力配置弹性、合作组织数量及农村基础设施完善度来描述系统对外部条件的响应能力；文化与社会结构层面的指标可能相对复杂，可经由对农耕技艺传承度、乡村景观完整性、农户认同感与生态意识等定性信息进行量化转化，实现非物质性价值在理论框架中的映射。

在指标选择与构建过程中，需要避免单一学科取向导致的偏颇，并借助多领域的文献梳理、专家咨询与实地调研，努力将经济、社会、文化变量与自然科学指标有机整合。合理的指标体系应具备灵活性与扩展性，为因地制宜的分析提供空间，并可适应后续数据更新与模型校正的需求。

理论框架还需集成多样化的分析工具，以对不同类型与层次的数据进行处理。统计分析工具、计量经济模型与趋势分析方法有助于从历史数据与截面数据中提炼相关性与潜在因果链条。生态模型、土地利用模型与水文模型可在模拟情境下重现自然过程，并验证特定变量在不同施策条件下的响应。遥感与 GIS 技术以及大数据平台可支持对大范围、多时序的空间异质性开展细化测度，并为识别区域尺度与地方尺度交织下的资源分布格局与土地利用动态提供有力支撑。多准则决策模型与层次分析法为多重目标权衡与路径比对提供结构化的评估框架，使研究者能在多元指标下选择更具综合效益的策略组合。

（二）路径设计

当理论框架中要素与指标体系初步成形，优化路径设计的工作便进入实质性阶段。路径设计是将定性理念与定量分析相结合的过程，通过对不同策略方案在多维指标下的模拟与权衡，提出具备综合可行性与长远价值的改善方案。在此过程中，需要针对不同情境、空间尺度与时间跨度进行分析，以便应对不确定性与复杂反馈效应。

路径设计时可借助多重场景设定，为复杂的决策过程提供样本空间。在一个假设情境中，可对肥料施用量、灌溉技术、种植结构、生态补偿政策、产销对接模式与土地流转制度等关键变量进行参数调整，并通过模型运算预测各项指标的变动情况。若情境 A 在减少肥料使用的同时保持或略微提高产量质量，并对水体负荷与土壤有机质累积产生积极影响，说明在该区域，精准施肥与有机替代策略在经济与环境层面均具有潜在优化价值。若情境 B 在提升机械化耕作水平与科技投入的同时，却在土壤紧实度与生物多样性指标上显现负面趋势，则需要权衡机械化升级的速度与适用性，避免过度依赖单一现代化路径。

在路径设计的分析中，不同利益相关者的行为选择与互动关系构成了重要影响因素。农户、合作社、政府部门、农业企业与社会组织在资源分配、信息获取、技术推广与利益博弈方面具有不同权重与偏好。理论框架可通过引入博弈分析、社会网络分析或参与式建模的方法，将利益相关者行为嵌入模拟过程。若农户在短期利润最大化与长期土壤健康维护之间存在认知偏差，需要相应的政策激励与培训机制来引导其选择更可持续的路径；若地方政府与产业链企业在补贴、价格信号与风险分担方面达成了合理协议，则可缓解市场波动对资源配置的干扰与环境负担的无序转嫁。

路径设计中还需关注时间维度与动态适应性。优化并非一次性方案实施即可长期稳定，而应视作不断学习与适应的过程。面对气候变化与国际贸易格局的变动，具有弹性的决策机制比固定方案更能保障系统的稳定性。理论框架应当预留迭代更新接口，根据最新观测数据与情境评估结果，动态调整决策方案的参数配置。通过在一定时间间隔内对实施效果进行跟踪评估，可及时发现偏差并加以纠正，使优化路径沿着期望的方向逐步逼近理想状态。

在这一动态决策过程中，知识与信息的流动路径颇为关键。提升农户、企业与地方管理者的信息获取与分析能力，可增强对未来趋势的感知与风险应对能力。理论框架可整合信息技术平台，实现数据共享、远程监测、预警发布与决策辅助。若在数据资源基础上构建早期预警体系，对极端天气、病虫害疫情或市场异常波动及时识别并制定预备方案，将有助于降低决策失误的概率与损失成本。

当路径设计逐渐成形，可在特定区域或产业链中先行试点，以观测策略组合在现实条件下的性能表现。若试点区域通过优化产业布局与生态补偿手段，在几年内实现土壤肥力恢复与农户收入稳步增长，说明此路径在类似条件下具备可拓展性。若试点策略在执行中遭遇地方利益分歧、制度供给不足或技术瓶颈等困难，则需对理论框架与分析工具加以校正，重新评估关键参数或引入更具针对性的补充政策。

路径设计与情境分析的共同目标在于避免盲目决策与"一刀切"政策。理论框架为此提供了系统化思维工具，路径设计过程借助场境模拟、利益相关者分析与时空动态跟踪评估等方法，使改进策略更具科学性。此类实践不仅是研究过程的应用环节，也是理论向现实转化的验证方式，为农村生态环境优化与可持续发展提供了经验积累与知识反馈路径。在未来研究中，路径设计过程依然可以纳入新的变量与方法，以适应多变的条件与创新需求，继续完善理论框架的适用性与解释力。

第三章　农业、农村面源污染及治理

第一节　农业面源污染及治理

一、农业面源污染的概念

农业面源污染形成的具体来源主要有化肥、农药、农膜、禽畜粪便、水产养殖、生活垃圾、污水、秸秆等，对环境安全、农业生产以及人民生活都带来长期深刻的影响。面源污染也称为非点源污染，是指污染物在降雨径流的淋溶和冲刷作用下，通过降水、地表径流、地下渗透等水文过程以及大气沉降引起的污染物进入湖泊、河流、水库等水体而引起的污染。①

农业面源污染是指农业环境中产生的、无固定排放口、呈分散状态的污染物在自然降水、地表径流、地下渗透及大气沉降等水文和气象过程的作用下，逐步进入地表水体（如河流、湖泊、水库）或地下水体系而引起的环境污染现象。这类污染不以单一排放口为标志，而是源头多元化、空间分布广泛，污染物在农田、果园、养殖场以及农村生活区的土地或水体中弥散存在。

在农村环境中，一系列生产、生活活动都会将潜在污染物以松散、隐蔽和不易追踪的方式引入自然生态系统中。例如，农田施用的化肥、农药以及地膜使用后残留在土壤表层，当降雨或灌溉水流过这些区域时，肥料中可溶性氮、磷营养元素或有毒有害的农药成分可能溶出或随水流冲刷，进而被带入下游水系。同时，农村禽畜养殖过程中的粪污、畜禽舍废物或水产养殖饵料残余在与自然降雨径流相互作用后，也会使富含

---

① 涂同明：农业干部知识更新简明读本 实践篇 [M]. 武汉：湖北科学技术出版社，2010：68.

有机物、病原菌或营养元素的废物扩散到更广泛的水体环境中。此外，生活垃圾、农村居民生活污水的无序排放，以及农作物秸秆残余物在田间的任意堆放造成的腐解，也为面源污染输送了营养盐、微生物、固体颗粒以及潜在的有害化学物质。

与工业点源排放不同，农业面源污染并非沿某条工业管道或特定排污口直接输入水体，而是以多点、分布散乱的方式渐进式地渗透、汇集。这使污染成因复杂、监测与治理难度较大，并对农业生产环境和农村居民生活用水乃至生态平衡产生长期而深远的影响。

二、农业面源污染的特征

农业面源污染的产生和迁移转化均与降水径流密切相关，因此农业面源污染一般具有随机性、广泛性、滞后性、潜伏性、间歇性、难以检测和治理等特点。对于面源污染，影响最大的污染物为沉积物、营养物质、有毒化合物、有机物和病原体。农业面源污染的特征分析如表 3-1 所示。

表3-1　农业面源污染的特征分析

影响因素	主要内容	关键特征
雨量、雨强、降雨时间等水文参数	降雨量、强度及时间影响污染物向下游水体的输移速率和时长，强降雨加速地表径流形成，持续降雨增加地下潜流的概率，导致污染物动态变化	时间尺度有限，间歇性与季节性特征明显
监测和追溯的复杂性与高成本	面源污染分散在大范围农田和土壤中，需精密设备高频监测，且污染物种类多样、浓度和跨度大，导致监测成本高且溯源困难	空间分散性、随机性和异质性

续表

影响因素	主要内容	关键特征
流域下垫面特征	下垫面特征（地形、土壤、植被等）影响污染物迁移与滞留，如坡地径流快、平原滞留时间长；不同土地利用方式也影响污染输出特征	下垫面异质性与动态性
水体影响范围	农业面源污染影响河流、湖泊、地下水等多种水体，地表水与地下水的相互联系使污染物可跨区域迁移，对区域水循环产生累积影响	影响范围广泛，累积效应显著
区域广、范围大	农业面源污染分布于广袤的农村土地，源点分散且地形多样，需在景观尺度上评估，空间数据采集与遥感监测难度大	空间分布广阔，评估与监测难度高
扩散方式与排放特征	农业面源污染通过土壤表面、坡面径流等途径扩散，排放具时断时续特征，降雨等触发因素导致污染释放周期性与非线性	时断时续、非稳定性、非线性释放
污染物种类多样	污染物涵盖氮、磷、农药残留、有机质、重金属、微生物及颗粒物等，污染物之间存在复杂的转化与交互作用	污染物谱系广泛，协同作用复杂
农业活动关联性	农业面源污染与施肥、农药使用、耕作方式及养殖活动密切相关，农业技术、政策及生态意识的变化影响污染特征的动态演变	高度动态，与农业生产过程耦合
土地与径流管理实践	保护性耕作、植被缓冲带、湿地构建等措施可降低污染物释放与迁移，但管理效果因区域差异而异，需长期实证研究验证	土地管理措施多样，区域适应性差异显著

（一）受雨量、雨强、降雨时间等水文参数影响，历时有限

农业面源污染的发生与水文条件密切相关。其中，降雨量（包括年降雨总量和单次降雨量）、降雨强度以及降雨时间对污染物质从源头向下游水体转移的速率和时长起到关键调控作用。当降雨强度较大时，雨水对地表土壤颗粒物、沉积有机物、化学残留物以及微生物等污染因子的冲刷效果增强，使大量潜在污染物在短时间内被携带进入地表径流并汇入河流、湖泊等水体。在此过程中，降雨量与降雨时间会影响污染物从土壤表面释放或淋溶的过程强度：较长时间的持续降雨可导致土壤饱和度上升，从而增加地下潜流输送污染物的概率；而短暂但强烈的暴雨则更易形成地表径流，激发大范围的快速污染扩散。由于降雨事件往往具备随机性和季节性，其对农业面源污染的影响具有间歇性和不连续性，这种非恒定的时空分布特征使污染的持续时间受到限制，不会在无降雨或干旱期持续存在较高强度的面源污染输出。简而言之，农业面源污染在时间尺度上表现出动态多变的特征，与雨季、丰水期等特定时段关联密切，污染历时常随气候条件变化而具有一定的有限性。

（二）监测和追溯的复杂性与高成本

面源污染在空间上的分散性与多元性：污染因子并非集中自一条管道或排放口流出，而是以多点、弥散的方式嵌入广阔农田、林地、牧场、养殖水面及村庄周边的土壤和水域中。农村环境具有多种交织因素，如不同土地利用方式、土壤理化性质、水文流域特征以及气象条件，这些均会影响污染物在环境介质中的迁移与转化。为了准确捕捉面源污染的时空分布格局，研究者需在较大空间范围内布设多层次采样点，并在长时间尺度上进行高频率监测，由此，不仅增加了人力与物力成本，而且在采样与分析过程中，因污染物种类繁多、浓度范围跨度大、存在形态多变（溶解态、颗粒态、有机态及无机态）等问题，更需采用先进而精密的分析手段与仪器设备。这类高昂的时间、经济和技术成本，使对农业面源污染的全程追踪与系统监测难以完善。面源污染的原位特征决定了污染物的空间分布往往呈现随机性和异质性，导致传统的统计分析方法不足以精确识别特定污染源和迁移路径，进而提高了源解析和追踪的难度。

（三）受流域下垫面特征影响

流域下垫面特征是决定农业面源污染发生、输移和归趋模式的重要因素。下垫面包括土地利用类型（土地耕作、林地、草地、居住区）、土壤结构（土粒级组成、孔隙度、渗透性）、地形地貌（坡度、坡长）、植被覆盖度及水文地质条件等。这些下垫面特征直接影响径流形成、泥沙产出、土壤渗入以及污染物在土壤与水体之间的滞留、吸附与解吸动态。例如，坡地农业可能因坡度较大、植被稀疏而易于形成强烈的地表径流，将大量氮、磷营养物及农药残余物在暴雨过程中快速导入水系；而平原地区的高黏土含量土壤则可能使雨水易滞留地表，延缓径流过程，同时促进污染物在土壤介质中更长时间的滞留与形态转化。不同的土地利用格局与管理方式会改变植被根系分布、土壤团粒结构以及地表糙度，从而间接影响面源污染物的释放速率与迁移途径。下垫面的异质性与动态性决定了同一降雨事件在不同区域可能产生截然不同的污染输出特征。

（四）几乎影响所有的水体

农业面源污染所涉范围极其广泛，其影响并非局限于特定的河流或小型水域，而是几乎可波及各类地表与地下水体，包括河流、湖泊、水库、池塘、湿地以及潜在的地下水系统。这种广泛波及性源于面源污染自身的无固定排放口特征和介质迁移途径的多样性。在降雨事件推动下，地表径流可携带污染物沿坡面流入小沟渠，再逐步汇入更大级别的河流系统，最终影响到区域性乃至跨区域的水域质量。与此同时，部分可溶性污染物可通过地下渗透进入含水层，改变地下水的水质状况。不同水体之间存在多层次的水文联系，如地表水与地下水补给关系、河流与湖泊的水体交换、河网体系中逐级汇集与扩散等，这些水体间的联通特征使一处面源污染发生地有可能对下游或相邻流域的水环境产生持久与累积效应。因此，农业面源污染并非局限于点状影响，而是构成了对区域乃至流域水循环体系的潜在干扰。

（五）区域广、范围大

农业面源污染具有显著的区域广泛性与空间分布广阔的特征。与点源污染往往集中在工业区、矿区或特定排污口不同，面源污染分散在广袤的农村土地中，如耕地、丘陵、牧场、养殖场、农村居民点周边区域。在大多数情况下，这些土地面积巨大且地形多样，农业土地利用模式亦呈多样化与异质化。面源污染源点零散分布，使单个小块农田或小规模养殖场的污染贡献量可能有限，但区域范围内数以百计、千计的小型源汇聚在一起，将对整个流域乃至跨流域范围的水环境安全带来巨大挑战。由于空间分布过于分散，缺乏固定排放节点，加之各类污染因子在地形、土壤与气候条件迥异的广大地域中不断累积与扩散，导致面源污染过程呈现出复杂、难以简化的宏观特征。正是由于其分布广泛，评估面源污染需从景观尺度乃至流域尺度入手，充分考虑不同区域间的相互作用和时空格局变动。大范围分布的特征也给监测布点、数据采集与综合分析带来极大挑战，需要更高维度的空间数据、遥感监测手段以及先进的地理信息系统工具来实现合理的污染评价与量化分析。

（六）扩散方式排放，时断时续

农业面源污染在时间序列上呈现出时断时续、间歇式的排放特征。这意味着污染并非稳定地输入环境水体，而是因外部触发因素（如降雨事件、灌溉行为、土地管理措施变更）而呈现周期性或不规则性释放。扩散方式使污染物不集中在某一通道或管道中排放，而是通过土壤表面、坡面径流、空气沉降和地下渗透等多种途径，逐步扩散到更大的区域空间中。在降雨事件发生时，由于水流冲刷作用增强，大量污染物会在短期内快速释放，使监测站点在特定时间段捕获到显著的水质恶化信号。但在无降雨或干旱季节，污染物输入强度又可大幅下降。此种非稳定、非线性、非连续的特征为研究者和管理者构建动态模型与预测模式带来挑战。要理解这种时断时续的特性，需要在较长的时间尺度上进行观察，从而识别关键时段（如雨季、播种季、施肥后时期等）的污染释放规律。

（七）几乎涵盖所有的污染物

农业面源污染的多样性在于其几乎可以涵盖各类潜在污染物质。传统观点往往重点关注营养盐类（如氮、磷）和农药残留物，但实际上，面源污染的污染物谱系远不止这些。它还包括有机质（如农作物残余物分解产物、畜禽粪污中的有机成分）、重金属离子（可能来自肥料或工业副产物）、病原体（如动物粪便中所携带的细菌、病毒、寄生虫）、固体颗粒（包括土壤颗粒、微塑料以及农膜残片）以及复杂多样的有机和无机化学物质。在自然环境中，不同污染物之间还可能发生物理、化学以及生物学的交互作用与转化，如吸附、解吸、降解、富集和生物积累等过程。这些多维多态的污染物使对农业面源污染的识别、定性和定量化充满挑战。要准确理解面源污染的整体特征，需要从复杂的化学分析、多重溯源模型以及生物生态学观察中获得综合证据，并在此基础上构建更高层次的定量描述体系。面源污染的广谱性决定了研究工作不仅要关注单一污染物种类，更应将目光扩展至多种污染物协同作用下的整体污染负荷与风险结构，以便从更高维度上把握面源污染的内在规律。

（八）复杂且与农业活动密切相关

农业面源污染的复杂性源于其生成与输移机制中存在大量的非线性因素和多层次过程。这些过程与农业生产活动高度耦合，特别是与施肥方式、农药使用量、作物种植制度、耕作方式以及农村畜禽养殖和水产养殖形式密不可分。在不同地区，因地制宜的农业活动模式决定了土地利用格局、土壤管理措施及水资源使用策略的差异性，从而影响污染物在自然环境中的存在形态、扩散路径与迁移速率。农业生产中的技术更迭、政策导向、市场需求及生态意识提升，也在不断改变面源污染的特征，使其呈现动态演变的格局。由此可见，农业面源污染并非静态存在的环境问题，而是与人类农业活动息息相关的一种环境动态变化过程。

（九）土地和地表径流的管理实践

土地管理措施会直接影响土壤结构、养分循环、植被覆盖与耕作制度，从而间接影响污染物的生成、释放和迁移格局。例如，保护性耕作、合理的施肥策略、秸秆还田、植被缓冲带设置和地表覆盖物调整等实践均可改变径流产生与污染物迁移的动力学特征。在存在良好土地管理实践的地区，土壤稳定性、植物群落结构及土壤微生物群落的组成可能发生有利变化，从而降低土壤侵蚀速率、减少营养物质流失，并削弱短时间强降雨事件对水体的冲击效应。与此同时，适当的土地利用规划和径流控制技术（如坡改梯、植被缓冲带和湿地构建）将有助于降低面源污染释放的间歇性和波动性，使其具有相对平衡、可调控的特征。然而即便如此，土地和径流管理实践本身的多样性和可变性也为面源污染特征的分析带来挑战。不同区域、不同气候条件、不同农作制度下的管理措施效应难以一概而论，需要通过长期观察与实证研究来验证特定实践的有效性与适用范围。土地与径流管理实践不仅影响了污染源与扩散路径，也在一定程度上决定了面源污染的时空动态特征与强度水平。

三、农业面源污染的成因分析

（一）农药、化肥的使用

在农业生产活动中，大量化肥与农药的重复投入使土壤与水体之间形成相互作用与反馈的复杂生态系统。当以高强度方式向田间施用化肥时，其中可被作物吸收利用的比例始终难以达到理想水平。

化肥成分中的氮、磷等营养元素大多通过土壤孔隙、水分传导以及微生物和土壤胶体的间接作用而在不同层次上迁移，当降雨径流及灌溉用水流经农田表层，会将未被植物充分吸收的肥料组分冲刷带走。这些游离态或缓慢释放的化学元素随着地表径流进入田间沟渠，再逐步汇入河流、湖泊乃至水库系统。化肥中较高比例的氮、磷元素一旦进入水体，会在水生生态环境中触发一系列链式反应，包括浮游植物、水藻以及微生物在内的初级生产者集群可能出现过度繁殖，从而导致水体富营养化现象持续加剧。藻类过度增殖不仅使水体溶氧条件恶化，进而影响鱼类、贝类、底栖动物和水生植物的生存，还可能促进有害藻华出现，进而使水体呈现变绿、发黑、发臭等退化征兆。

农药的过量及不合理使用同样构成重要危害。田间病虫害防治常依赖大规模喷洒广谱或高效能化学药剂，这些药剂中包含多环芳烃、氨基甲酸酯、有机磷、有机氯类等复杂化合物。当这些人工合成化学物质施用于农田表土后，部分浓度较高的残留会长时间滞留在土壤颗粒与有机质表面，并在后续的降雨或灌溉条件下通过径流和渗滤过程逐渐释放至环境介质中。一些农药难以完全降解，其潜伏期较长，又可能在食物链中发生生物富集与传递，从而对局域及下游水体形成隐性威胁。

伴随大量化肥、农药重复施用的是土壤环境结构的渐进式改变。由于化肥不具备改善土壤团粒结构的功能，过量、偏施单一元素的情形会使土壤有机质含量下降，团粒结构受到破坏。土壤保水保肥性能随之减弱，当强降雨或大规模灌溉发生时，肥料和农药的流失量随之增加。这种恶性循环在较长时间尺度上表现为农业生态系统日趋脆弱，化学输入强度与损耗比例逐年升高。农民在农事生产中出于经济利益考量与生产习惯固化，倾向于以高剂量化肥和频繁农药喷洒来维持作物的短期高产，与合理搭配有机肥、利用土壤微生物活性以及采取科学轮作和休耕制度的理念存在脱节。这类单向度的投入模式使土壤生态恢复空间不断缩小，水环境承载压力加剧，进而促成农业面源污染在局部地区乃至更广流域范围内扩大化与持续化的趋势。

（二）农业秸秆的无序利用[①]

农作物生长周期结束后，大量秸秆作为农业副产物残留在田间地头。理论上，秸秆具备相当潜力用于土壤改良、有机肥配制以及生物能源开发，但在相当多的地区，秸秆处理以无序、低效的方式进行，导致潜在资源转化为污染隐患。秸秆因纤维素、半纤维素及木质素等有机成分丰富，当被随意丢弃于田间小沟、河道边缘或水体近岸地带，其在自然风化、雨淋和微生物分解作用下向周围环境持续释放溶解性有机物、腐殖酸类及其他有机污染物质。这些溶解性的有机组分容易随降雨径流流入水体，使水中有机物浓度上升，并成为水生微生物和藻类过度繁殖的营养来源。尤其在气温较高与水流相对缓慢的季节，秸秆分解释放的高分子有机质为水体微生物增殖提供了条件，导致溶氧消耗加速，水质恶化现象显著。部分地区会将大量秸秆集中焚烧，燃烧过程中释放的烟尘、二氧化碳、一氧化碳及多种有害气体，直接污染大气与周边环境。当降雨发生后，落尘颗粒物与烟尘残留将沉积于地表，再经径流冲刷进入水体，形成间接污染。秸秆随意弃置对土壤结构和土地可持续利用也有潜在影响。原本可以还田增肥和改善土壤有机质含量的秸秆资源被弃置或焚烧，土壤中有机质输入减少，土壤团粒结构难以优化，长期来看，将造成增加化学肥料输入以维持作物产量的需求的情况。与之相伴的是，在土地有机质缺乏的状况下，一旦突发降雨，土壤颗粒与附着其上的养分、农药残留及其他污染物更易随径流向下游水体流失。

农业生产过程对秸秆无序处理的延续性在相当程度上源于处理成本、运输难度与资源化利用技术推广不足。农村地区基础设施建设与社会服务体系往往有限，秸秆资源化利用的市场机制尚不完善，导致农民多倾向于低成本、便捷却高风险的处理方式。由此形成的负反馈机制则是原

---

① 席北斗，魏自民，夏训峰．农村生态环境保护与综合治理 [M]．北京：新时代出版社，2008：88.

本可作为肥源与土壤调节剂的秸秆无法有效进入生态循环，反而成为加剧面源污染的重要推动力量。

（三）规模化的畜禽养殖

畜禽养殖在现代农业生产体系中扮演着重要角色，为社会提供丰富的肉蛋奶产品。然而，规模化、密集化养殖模式的普及使畜禽粪尿废物处理压力骤增。这类大型养殖场常在局部区域聚集大量畜禽个体，粪便与污水产生量远超当地土壤、作物与草地能够有效吸收转化的阈值。当畜禽粪便不经充分处理便直接排放或简单堆积于场区周边，其内部丰富的有机质、氮、磷及病原微生物将对环境构成潜在威胁。降雨径流常成为畜禽废物中污染成分向外扩散的重要载体。雨水流过粪便堆放区后，将溶解或悬浮其中的可溶性无机氮、磷盐类、未完全分解的有机质以及多种微生物携带进入附近水体。这些富含营养物质的径流输入不仅加剧了水体富营养化，还可能为病菌、寄生虫及病原微生物向更广域扩散提供途径，潜在诱发公共卫生问题。

规模化养殖场为提高经济效益，通常在有限空间内实现高密度饲养，粪污产生速度与处理能力之间形成严重失衡。传统的还田利用模式在场地狭小、人员有限且缺乏专业技术条件下难以实施，其常见方式是将畜禽废物简单堆放，伴随天气变化，这些堆积物中的有害物质逐渐渗透或径流入水。局部区域畜禽饲养量过度集中，使周边土壤、地下水与地表水体持续承受高强度养分与有机负荷输入，土地与植被难以有效吸收。随着时间推移，局地水文条件出现改变，含水层及流域水质明显下降。这种面源污染形成的长期积累效应加大了管理及修复难度。当养殖产业加速从偏远农村向城郊地区转移后，人口密集区周边水体面临更大污染风险。一旦养殖场周边土地缺乏配套的污水处理和粪肥利用基础设施，将进一步导致大量有机营养物质向区域性流域输入。

（四）农村生活污水与垃圾处理不当

农村人口生活水平日趋提升，生活方式变化和消费结构多样化使生活污水、生活垃圾的种类与数量不断增加。大量生活废水常不经集中处理即排入周边环境，洗涤剂、洗衣粉、油脂、剩余食物碎片以及各种无机与有机组分经由庭院排水沟、村庄土沟和小型河道，最终进入更大范围的水系。生活垃圾包括塑料袋、包装废物、废旧电池、生物可降解和不可降解残渣等，多以随意丢弃或堆放在村头、田间、河岸边的方式处理。雨季到来时，这些堆放点在降雨冲刷作用下，将垃圾中的有害组分、可溶性污染物、有机腐殖质等溶入地表径流，随水流扩散至周围水体。生活污水中富含氮、磷和有机物，若长期直接排放入水，会为水中微生物和藻类繁殖提供物质基础，类似农业化肥流失造成富营养化的机制也适用于此类生活污水输入。当垃圾中混有电池、农药包装、杀虫剂罐及其他含有重金属或有毒有害化学品的物品，这些成分在风化、降解和浸出过程中会形成更为复杂的污染谱系，进而对下游水文生态系统产生潜在威胁。许多农村地区由于地势分散、基础设施不足，生活废物难以集中收集、分类处理，更缺乏完善的污水管网和垃圾处理厂。即便在部分条件较好的地区，农村环境治理的制度、法规执行与监督机制仍有较大提升空间。居住点零散分布、土地利用方式多样，增加了生活废物定点处理与资源化利用的难度，也提高了环境管理的成本与复杂度。在这种条件下，生活污水与垃圾不当处理所引发的面源污染呈现顽固性与隐蔽性，水体质量劣化与生态系统功能失调逐渐成为区域性问题。当农村经济和社会快速发展后，生活水平提高与消费需求扩大仍会增加生活废物产生量。若相关基础设施与农民环保意识的提高未能同步，面源污染压力将持续累积，对区域水环境的承载能力也将造成进一步影响。

（五）水土流失与弃渣排放

农业景观中，地形地貌、土壤类型、植被覆盖度与耕作制度相互交织，若缺乏合理的水土保持措施，土壤侵蚀与水土流失现象会显著加剧。当暴雨或高强度径流冲击农田、坡地与裸露地表时，表层土壤颗粒携带附着于其表面的营养物质、农药残留、重金属等化学成分进入水系，最终流向河流、湖泊及水库。水土流失由此成为面源污染物的重要传输媒介。大量土壤养分与有机质随流失泥沙一并离开农田生态系统，使土壤肥力下降、结构劣化。在肥力下降的条件下，农户往往加大化肥与农药投入量，以弥补土壤生产力不足，形成更加依赖化肥投入的农业生产模式。一旦再次发生强降雨或径流冲刷，多余的化肥、农药与土壤颗粒一同进入下游水体，加剧富营养化与有机污染问题。水土流失在地形起伏、植被覆盖度较低以及土壤保水能力薄弱区域表现得更为突出。山地或丘陵地区若缺乏有效梯田修筑、防护林带建设及植被恢复计划，径流冲刷更加强烈，导致长久性的土壤侵蚀与地表裸露，进一步加速面源污染输出。弃土弃渣则是人类开发、建设和农业基础设施改造过程中产生的固体废物，若随意倾倒至水体附近，风化、雨淋过程中逐步释放出附着于土壤颗粒上的养分、重金属乃至农药残留。水土流失已不仅仅是资源浪费或土壤品质下降问题，而是通过连锁效应不断驱动更高强度的面源污染输入，并对水体生态系统构成长期而深入的影响。在这种动态而复杂的相互作用中，水土流失与弃渣问题不仅体现出环境承载力的脆弱性，也反映出农业生产与自然资源管理之间缺乏长远规划与系统思考的局面。为满足短期产量提升的目标，采取过度开垦、忽视植被保护或坡度限制的耕作方式，只会进一步固化面源污染的传输通道，使其在降雨事件中一再重演。随着时间推移，土壤层次越发贫瘠，土地生态系统越发脆弱，对化学投入的依赖度持续提高，以弥补经济收益下滑的问题，最终形成难以逆转的恶性循环。而这样的循环在流域尺度体现为水环境与农业生产体系间矛盾的不断深化。

四、农业面源污染对生态环境的影响

（一）河流水质有待改善

在面源污染压力下，河流水质呈现营养元素与有机物浓度相对偏高以及水环境自净能力局部受限的状态。营养物质在局地积累，易促使特定水生生物群落结构发生微妙转变，浮游藻类及微生物量的增长或引起水体溶氧条件与透明度轻度波动。这类动态变化可能在一定时间尺度上影响鱼类、底栖生物以及水生植物的生境条件，使部分水生资源利用效率与群落稳定性出现一定程度下降。然而，这并不意味着河流水质全面恶化，而是提示在特定水文条件与时段，部分河段承载营养与有机负荷的能力有所减弱。

为进一步改善河流水质条件，需要结合流域治理与综合生态修复策略，从源头减缓相关污染物输入，并在河道周边适度建立生态缓冲区以及植被防护带。通过合理化土地利用调整与水文过程调控，可在较长时间尺度上促进河流水质指标向更理想状态靠拢。此类措施的实施能够在一定程度上改善水体结构与功能，使河流生态系统在面对潜在的面源污染时保持较高的适应能力和恢复潜能，从而在中长期内为区域水环境品质提升奠定更为稳固的基础。

（二）水体淤积亟待清除

在面源污染的外界输入下，部分水体可能出现淤积现象，这主要与泥沙、有机碎屑及富含营养元素的颗粒物质沉积相关。当各种外源性颗粒随径流进入水体并在河湖底部逐步积累，水体形态特征与水深条件随之改变。底泥在一定环境条件下可能释放溶解态氮、磷或有机质，进而影响底栖生物与水生植物的生境质量，水体透明度与底部光照条件也可能因此呈现局部不均匀分布。

有必要采取更为精细化与系统化的清淤策略，以维持或恢复水体的正常流通与自净功能。在此过程中，须注重对底泥成分与结构的全面评估，选择适宜的疏浚方式与技术路径，避免在清淤过程中产生新的扰动与次生影响。同时，适度调整流域土地利用与农业生产投入措施，从长期角度减少外源性颗粒物的持续累积，可使水体在后续阶段的淤积问题得到缓解。这类综合治理措施有助于保持水体结构相对稳定，并为水生生物及微生物群落提供更有利的生境条件。

（三）饮用水质需优化

面源污染潜在影响不仅局限于自然生态系统，其对农村与城镇饮用水水源区的水质安全也提出了进一步优化的要求。少量营养元素与有机污染物通过地表径流和下渗途径抵达水源地，可能导致水体中溶解性有机碳及相关氮、磷元素水平有轻度上升，从而引发一定程度的风味变化或提高水处理工艺的成本。为保障饮用水水源质量，需在原水采集与输配之前加强水质监测与评估，选择合适的净化技术，如混凝、沉淀、过滤和消毒等，以确保出厂水达到国家相关标准。

在长期尺度上，优化饮用水源水质需要从源头减量与过程管控两方面着手。通过对农业投入品施用强度、土地覆被与坡耕地管理等策略的调整，可降低面源污染物向水源区域扩散的频率与强度。同时，加强水源地周边的植被缓冲、湿地构建及生态护岸建设，有助于抑制水质下降趋势。此类系统性措施既为当地居民提供更高品质的饮用水，也为未来水资源可持续利用与水环境质量提升奠定适宜基础。

（四）土壤质地需优化

面源污染影响并不仅限于水体生态过程，对土壤环境条件与质地结构同样有间接关联。当过量的营养元素、化学肥料与有机碎屑不断被引入并在土壤表层累积，一方面可能影响土壤团粒结构与孔隙分布，使土壤的持水、通气和保肥性能出现微调；另一方面，土壤中溶解性无机离子与微生物群落多样性格局可能相应变化，从而对作物根系生长环境产生潜在影响。优化土壤质地需要综合考量农业投入方式与土壤改良技术。合理运用有机质还田、有益微生物接种及缓释肥料施用等技术，可以适当提升土壤团粒稳定性与有机质含量，使土壤在面对面源污染相关压力时具备更高的缓冲能力。此外，对土地利用模式进行适度调整，在敏感区建立植被缓冲带或生物滤带，有助于拦截并分解部分外源污染物，减缓对土壤理化性质的潜在影响。这类措施不仅为农业生产提供相对稳定和健康的土壤环境基础，也可能在较长时间尺度上提升土壤肥力及生态服务功能，从而在面源污染条件下保持农业生态系统运行的稳健性与适应性。

五、农业面源污染的治理

依据生态学原理和水土保持技术，从投入调整、产业结构优化与生态基础设施建设三个层面出发，通过提高农田管理精度、增强系统内部的养分自循环能力与资源综合利用水平，使面源污染得以在更高层次上得到控制和缓解，为农业可持续发展提供基础支撑。

（一）精细耕作与平衡施肥

通过将农田划分为多个小块区域，为不同区域制定相应的投入策略，以实现化肥与农药使用的精确化。由此能够降低氮、磷等营养元素的流失概率，并使土壤养分供应更贴合作物需求。在此基础上，适量增施有机肥和秸秆还田不仅有助于提高土壤有机质含量，还可增强土壤对养分和水分的保持能力，提升氮肥利用率，进而有效降低由流失引起的潜在面源污染风险。

（二）发展生态农业

注重农、林、牧、副、渔等产业的综合协调和有机融合，通过多层次立体种植与合理的种养结合，提高资源利用效率并减少对环境的额外压力。在稻田区域构建稻鱼兼作、稻鱼轮作等复合生态系统，可有效运用水稻与鱼类群落间的功能互补性。采用畜—沼—果（茶）等循环利用模式，将畜禽粪便经厌氧发酵转化为沼渣、沼液，为果树、茶树提供高效有机养分，减少农用化学品投入与外排。同时，利用不同作物种间互利特性，通过立体种植最大化地上与地下空间的利用潜能，以提升产出效率和生态稳定性。

（三）应用生态拦截技术

其体系以生态田埂、生态沟渠及人工湿地为核心要素。提高田埂高度并在其两侧种植适合生长的植被，可有效拦截暴雨径流中的营养元素与悬浮颗粒，从而减轻径流对下游水体的影响；将硬质化排水沟渠改造为生态沟渠，让作物或草类在特定孔隙中生长，通过根系吸收截留营养物质，并在沟渠中央构建植物带，以减缓水流速度与延长水在沟渠中的停留时间。这种设计有助于降低营养元素的输入速率。人工湿地技术以植被、填料和微生物协同作用提升氮、磷去除能力，在暴雨时期储存与缓冲养分冲击，并在干旱时期为多种生物提供栖息地。通过种植多样化的季节性和挺水植物，增加系统的生物多样性与稳定性，不仅有利于营养物质转化与去除，还可在湿地内进行植物收获，以形成具有一定经济价值的生态产品流通。

第二节　农村面源污染的来源及治理

一、农村面源污染的来源

农村面源污染主要来自以下几个方面，如表 3-2 所示。

表3-2　农村面源污染的来源

污染来源	主要内容	影响途径	关键特征
生活垃圾	农村垃圾结构从可降解物质向难降解物质转变，如塑料包装、农药废瓶等；腐败过程释放碳、氮、磷元素，导致水体富营养化和底泥淤积	堆放、倾倒至土壤与水体；自然降解及雨水冲刷	结构复杂化、季节性波动、清运与分类处理不足
畜禽养殖业	粪尿中富含氮、磷与有机物，未经处理直接排入沟渠与河道，导致水体富营养化、耗氧量升高及微生物异常繁殖，污染地下水并影响饮用水安全	排水管线、直接倾倒、土壤渗透	空间范围广、营养盐浓度高、富营养化风险显著
农村污水	生活污水与农户加工作坊废水中含有机物、氮、磷等营养盐和微生物，零散排到河网或土壤中，导致水质恶化、生物群落失衡，并加速藻类异常增殖	零散排水、沟渠渗透、雨季扩散	排放分散、缺乏管网处理、扰动水体生物化学平衡
秸秆	无序堆放或焚烧释放营养盐及有机质，通过雨淋和腐解产物扩散至水体，导致水体富营养化；焚烧产生的颗粒物和温室气体，加重大气与水体污染，影响土壤质量和结构	堆放、焚烧、雨水冲刷与风化	资源浪费、土壤质量下降、污染外泄速率加快

续表

污染来源	主要内容	影响途径	关键特征
塑料地膜	塑料地膜残留在土壤中，影响土壤结构、透气性和水分传输，增加农田对化肥农药的依赖；微塑料碎片在雨水冲刷下流入水体，干扰水环境系统，积聚在底泥中并影响理化参数	农田残留、土壤孔隙、雨水径流进入水体	难降解、累积性强、影响土壤和水环境质量

（一）生活垃圾

农村地区生活垃圾的产生与积累常呈现出多元化与动态性特征，随着经济水平的提升与消费结构的转型，传统以菜叶、瓜皮、秸秆等天然可降解物质为主的垃圾组分逐渐向塑料包装、建筑残渣、农药废瓶、化学制剂容器等复杂化学品与难降解物质扩展。此种垃圾结构的演变使其降解周期显著延长，并在一定条件下呈现出不易自然腐解的特点，部分成分在自然环境中长期滞留，对土壤、地表水及地下水体形成潜在危害。在特定气候区，如降雨丰沛且热量充足的河网平原地带，垃圾腐败过程加速，大量溶解性有机碳、氮和磷元素易从腐解垃圾中释放进入附近水体。这类营养元素在水环境中富集后，不仅会改变水体的基本理化性质，还会为藻类及微生物创造适宜的繁殖条件，进而引发一定程度的水体富营养化倾向。与此同时，垃圾中惰性组分如塑料制品、玻璃碎片、金属残渣等在水道底部长期淤积，妨碍水体流动和自净过程，减弱底泥与水层间的交换效率，可能在微尺度上降低水环境对外来污染物的稀释与缓冲能力。

农村生活垃圾特有的季节性变化使这一问题更加严重，在传统节庆期间或农事活动高峰期，生活垃圾产生量的显著增加，新鲜有机物比例的提升，加速了垃圾腐败速率，使营养元素短期内高强度释放，从而加重局部时段的水质波动与退化风险。缺乏高效清运与分类处理机制的村镇区域，垃圾常以简单堆弃、沿河倾倒的方式存在，长期积存导致周围环境中污染压力的累积。此类现象的持续演变在一定空间尺度上消减了农村环境系统的承载能力与自我修复潜能，加速了养分和有机质向下游水体无序扩散的进程。

（二）畜禽养殖业

农村畜禽养殖业在满足多样化肉类与蛋白类食品需求的同时，也为农业经济体系注入新的活力。然而，规模较大或密集度较高的畜禽养殖场在粪尿废物处理方面的结构性短板，正逐步凸显为面源污染的主要源头之一。粪便及尿液中富含氮、磷及有机物，在缺乏适当资源化利用与污水处理设施的情境下，这些营养盐和有机质沿排水管线或直接倾倒途径快速进入农田沟渠与河道水体，从而使水环境遭受潜在的营养过剩和有机污染冲击。由于分户养殖仍是许多地区的常态，每个农户的家畜与家禽饲养量在总人口基数下倍增，粪便废物排放负荷的积累使农村面源污染的空间范围与强度得以扩大。传统耕作制度中畜禽粪肥的还田率不断降低，农田对于畜禽粪便的吸纳功能随之弱化，粪肥资源化利用链条中断后，废物以液态污水或半固态形式直接进入地表水体或通过土壤下渗影响地下水的水质。高浓度氨氮、磷及悬浮有机质在水体中不仅会提高耗氧量、改变水生生境，还会造成一系列微生物繁殖及传染性病原扩散的风险。过量的营养盐在适宜条件下推动藻类及浮游生物异常增殖，形成局部水域的富营养化征象，削弱水体自净功能。与此同时，过度积聚的畜禽废水若长期渗入土层深部，将在一定程度上改变地下水水质指标，增加硝态氮或其他营养盐含量，影响饮用水资源的安全。

（三）农村污水

农村污水不仅包括人类日常生活中产生的洗涤水、餐厨废水、沐浴废水和厕所污水等，也涵盖农户院落清洗以及小型加工作坊排放的液态废物。这些未经高效处理的污水中通常含有有机物、悬浮颗粒、病原微生物、氮、磷等营养盐及轻度化学残留，当通过分散性的沟渠或临时性排水系统进入水体后，会对受纳水体的水质造成长期潜在影响。农村环境中缺少完善的污水管网和集中处理设施，排水过程常以零散方式进行，污水沿村庄边缘漫流、渗透及汇集，使污染物逐步扩散至河网、湖泊和水库。雨季期间，降水径流进一步加快污水向下游的扩散速度，让本已处于弱处理状态的污水直接融入自然水循环过程，使营养元素有更多机会参与水生生态系统内的转化与富集。由于农村污水排放方式缺乏规范化引导，水环境中相对稳定的生物群落与化学平衡面临外源扰动。适度营养输入可能在局部引发生物量及群落结构变化，并在临界条件下诱发藻类过度生长与微生物异常增殖。农村污水中有机碳源的存在为微生物活动提供载体，而氮、磷元素的累积为藻华及水生浮游动植物繁殖创造了条件，进而间接影响水体的透明度、溶氧水平与底泥结构，弱化水体自净能力与生物资源可持续性。

（四）秸秆

秸秆作为重要的可再生生物资源，在科学利用条件下能够为土壤培肥、饲料生产、能源开发和工业原料提供稳定来源。然而，在实际农村环境中，秸秆处理方式不尽合理，利用率有待提高。大量秸秆未被资源化应用，就以就地堆弃或直接焚烧的方式处理，造成了一系列潜在的问题。无序堆放的秸秆在降雨和微生物作用下缓慢腐解，将有机质、氮、磷及溶解性碳源释放至周围土壤和地表水中。当风化和雨淋持续作用，营养盐与有机酸等腐解产物顺着径流向下游传递，使水体中营养元素相对富集。若在水流平缓、水温适中的条件下，这些营养元素成为藻类和微生物繁殖的刺激因素，可能引发一定程度的水质品质下降及生态平衡轻微偏离。另外，直接焚烧秸秆释放出的颗粒物和温室气体，对大气环境形成短期冲击，也间接导致落尘和大气沉降后在水体与土壤中形成外源性输入，加重资源浪费。秸秆焚烧还可能破坏土地表层有机质分布与土壤生境结构，导致土壤板结和保水保肥性能下降，最终使农田对化学肥料的依赖进一步增强。随着长期过量投入与重复无序处理，土壤质量及农田生态系统韧性减弱，加速了营养要素顺径流外泄的进程。秸秆缺乏高效利用的现状，加之焚烧与堆弃方式的盛行，使其成为农村面源污染体系中值得关注的环节。

（五）塑料地膜

塑料地膜覆盖技术的广泛推广为农作物增产和水土保持带来了一定的便利，但其在自然环境中难以降解的特性使残留地膜逐渐积累于田间土壤中，成为农村面源污染体系中较为特殊的来源。聚乙烯及其衍生物化学性质稳定，光解及生物降解速度极慢，残膜碎片长期滞留在耕层或深层土壤孔隙中，对土壤结构及水分传输通道产生潜移默化的影响。当土壤孔隙连续性因残膜干扰而受到破坏，土壤内部水分、养分和微生物通量被迫改变，土壤含水量下降，透气性和水分下渗速率降低，为作物根系吸收水肥增加了难度。残膜碎片的存在还会改变土壤团粒结构与孔隙特征，降低土壤生物群落多样性和活跃度，影响土壤环境对外部输入物质的缓冲能力。这些微观变化在宏观上可使农田更加依赖化肥和农药投入，进而增加营养元素与化学药剂在径流冲刷条件下的流失概率。若地膜及其碎片在雨水冲刷或灌溉过程中流入沟渠和水道，也将导致水体中难降解塑料微粒的积聚，对底泥结构与水体理化参数造成影响，从而在更长时间尺度上干扰水环境系统。塑料地膜的年残留量与使用率持续增长，不仅对耕地土壤质量与粮食生产造成长期隐性阻碍，也使农村生态系统在面源污染链条中出现新的难解难分的问题。

二、农村面源污染的治理

（一）沼气

沼气是一些有机物质（如秸秆、杂草、树叶、人畜粪便等废物）在一定的温度、湿度、酸度条件下，隔绝空气（如用沼气池），经微生物作用（发酵）而产生的可燃性气体。[①] 其主要成分是甲烷，大约占比 60%；其次是二氧化碳，占比 35%；此外还有其他少量气体，如水蒸气、硫化氢、一氧化碳、氮气等。[②] 沼气是发酵产生的，在发酵过程中，会产生一些其他物质，这些物质种类、浓度变化较大，它们存于发酵料液中，通常可作为农业肥料或饲料，对农业生产有很好的作用。

在农村生产与生活的多层次活动中，人畜粪便、秸秆、厨余废物等有机质常常在无序状态下向环境扩散。降雨径流与土壤渗透过程为这些营养元素、微生物群落及潜在病原体提供了向下游水体转移的路径，造成水质恶化、底泥堆积和生物群落结构改变。沼气技术的引入为改变这一局面提供了微生物学与环境工程学相结合的解决途径。在厌氧条件下，将各类有机废物投入密闭发酵容器中，通过发酵菌群的协同代谢活动，将复杂有机质分解为甲烷等可利用能源与可控形态的养分，实现对潜在面源污染物的区域内循环与减量。粪便等农家有机肥源在未经处理时常带有多种病菌与寄生虫卵，并富含不易被作物瞬时吸收的可溶性有机氮、磷。在自然状态下，大量此类废物随雨水径流直接输入河湖水系，引发富营养化倾向和水环境失衡。利用沼气发酵将其纳入厌氧分解过程后，部分溶解性营养盐转化为更易管理的形态。有机氮和有机磷在微生物群落作用下转化为相对稳定的有机酸和矿质营养，病原微生物在高浓度厌

---

① 汪建文.可再生能源 [M]. 北京：机械工业出版社，2023：102.

② 席北斗，魏自民，夏训峰.农村生态环境保护与综合治理 [M]. 北京：新时代出版社，2008：110.

氧条件及中高温发酵环境中难以存活，粪便和厨余中的有害成分因此得到显著削减。经过发酵处理后的沼液与沼渣可作为一种优质肥源，还田后可提升土壤有机质含量与保肥能力，降低化肥施用量和化肥投入对环境的压力。此举在养分高效利用的同时，为农村土壤培肥和生态系统构建提供了内源性支持，减少养分沿地表径流或地下水途径的无序扩散。

在这一过程中，接种物与发酵条件的选择对控制面源污染的成效具有重要意义。取自正常产气状态的底部料液作为接种物，有助于迅速建立高活性微生物群落。在这一发酵生态系统中，微生物通过分解有机物质释放甲烷，同时稳定有机氮的存在形态。温度管理同样不容忽视，中温或常温发酵模式虽不如高温发酵在降解效率与产气率上表现突出，但更贴近农村实际条件。将沼气池建于地下可使发酵温度相对稳定，减少产气不均和功能波动。常温发酵为广大农村地区提供了低门槛的可行选项，在减少外源能耗的同时，确保了污染物在微生物代谢下持续得到削减。发酵结束后，沼液与沼渣仍可能含有一定量的残余养分和有机组分。此类产物在控制面源污染时体现出双刃剑特性，若管理不当，过量施用沼肥可能造成局部营养富集，进而沿地表径流输入水系。为降低这一潜在风险，可借助好氧处理环节，如设置小型氧化塘、人工湿地系统或利用生态沟渠减缓水流，让沼液在进入农田或排入外部水体前进一步净化。湿地植物、微生物生物膜及生物滤料对残余营养盐具备高效截留与转化作用，从而降低营养元素再次扩散的概率，增强对污染物去除的深度与稳定性。

在农业生产结构中，应用沼气技术还可以促进有机质在多层级间循环：畜禽粪便、农作物秸秆、果蔬残渣等通过沼气发酵转换为清洁能源与改良性肥源。由此建立的有机循环网络中，多余营养不再轻易流失至下游水体，而是更高效地被土壤与作物吸收利用。此种实践通过缩短废物从产生到循环利用的路径，减少化学肥料的过度使用与面源污染的潜在环节，让农业生态系统在较低外部投入条件下获得相对稳定的产出和改善的生态条件。在有条件的村落或合作社中，统一建设沼气池与辅助设施可降低单户分散处理的难度与成本。定期监测沼液的营养成分和卫生指标，确保出料质量达到安全标准，使沼气技术不仅为农户提供生活燃料，更为农田土壤补充优质、有机性养分。配合营养平衡施肥技术和科学灌溉策略，避免沼肥超量使用。用量精确、时机适当的肥料管理有助于防止潜在养分盈余向环境扩散，实现由点到面的污染预防。

　　将沼气技术纳入更广泛的生态农业建设格局中可增强其控制面源污染的效能。与"畜—沼—果（茶）"模式相结合，将畜禽粪便经沼气发酵转化为清洁燃料和沼肥，将沼肥用于果（茶）园，促进有机质积累与土壤微生物群落活力提升。此类模式构建了一个多环节的生态圈，各环节通过沼气发酵实现物质与能量的高效循环，从而降低营养元素在非理想途径下向水体转移的频率与规模。

　　在政策支持与技术培训层面，逐渐推广适合当地条件的沼气技术可让更多农户认识到其在减污、护土、增产、降本等方面的积极作用。基于实践经验的多层次培训，可使农户更熟悉厌氧发酵原理、接种物选择、产气规律与沼肥管理，通过生产环节的精细化与规范化进一步降低面源污染的发生概率。

（二）堆肥技术

　　在农村环境中，未加处理的畜禽粪便以及部分有机废物若直接排放，往往顺着降雨径流或渗透途径进入地表水体与地下水层，使氮、磷元素过度富集，影响水生生态系统的平衡。利用堆肥技术对这类有机质进行预处理，可以将不稳定的有机物高效转化为腐殖质，使其以更易管理、更少污染风险的形态返回农业生产体系。

　　传统农村对畜禽粪便的处理多采用自然堆沤方式，虽然有益于养分循环，却常需漫长的时间且难以控制病原微生物、霉菌及异味的产生。现代好氧堆肥技术借助高效微生物菌群的作用，在通气良好的条件下使有机废物快速分解并稳定化。通过调节堆体含水量、C/N 比例及 pH 值，使微生物处于适宜生长代谢区间。当高温阶段持续一段时间后，多数病原微生物被有效抑制或杀灭，有益微生物逐渐繁殖，堆体内可降解有机物逐步向腐殖质转化。专业技术与设备的应用，包括机械翻堆、鼓风曝气、温度与湿度自动调节系统，以及针对有机物特性的菌剂接种，使有机废物在较短时间内达到成熟状态。利用选育的高效微生物菌剂，可实现快速高温发酵，并在后续阶段通过接种复合微生物菌群稳定堆肥品质，减少臭味与霉变带来的二次污染问题。

经过充分腐熟的堆肥不再富含大量易流失的溶解性氮、磷，而是以较为稳定的有机形态存在。在农田还田过程中，这类腐殖质能够提高土壤团粒结构与有机质含量，增强土壤水肥保持能力与微生物活性，从而减少化肥过量施用导致的营养元素沿径流和渗漏扩散。同时，由于腐熟堆肥已基本消灭病原微生物，也可以有效降低农田中病菌传播的机会。

（三）污水简易处理技术

农村地区分散居住和缺乏集中式下水管网的现实条件常使生活污水直接外排成为面源污染的重要诱因。为在资源与经济条件有限的情境下有效减缓营养盐、有机污染物及病原微生物的扩散，可考虑利用低成本、操作简便且易于维护的简易污水处理技术。这类技术的核心在于通过物理、化学及生物多种作用过程，将水中的悬浮物、可溶性有机物及部分营养盐转化、截留或消解，从而达到减缓水环境质量退化的目标。

在地势较为平缓且有一定闲置用地的村庄，可将传统沉淀池与生物滤池加以组合使用。原理基于废水在简单沉淀池中先行静置，使较大颗粒物质充分沉降，减少后续单元的处理负荷。紧接着，生物滤池中培养的微生物在合适的氧化还原条件和水力停留时间下，将残余有机物分解成二氧化碳、水及较简单的无机盐类，使水质得以初步净化。若条件允许，可在生物滤池后增设浅层人工湿地，使挺水植物和水生微生物进一步去除可溶性氮、磷营养元素与残余悬浮物，实现较高程度的净化效果。此类处理链条既能在地理条件较为有限的农村环境中高效运行，又无须高能耗的机械搅拌及精密仪器维护。

在水文条件较为稳定的场景中，引入稳定塘与简易曝气设施能延长废水在特定水域中的停留时间，以缓解污染物快速向下游扩散的问题。在稳定塘内，藻类、原生动物及细菌交互作用下的食物链关系，有助于将大部分溶解性有机物消化吸收，并使部分氮、磷沉积或转化。当水体停留时间足够长，即使不设复杂曝气设备，仅靠风浪扰动与表层水气交换也可维持适宜的溶氧条件，促进有机物的氧化分解与硝化反应的发生。为进一步增强氮、磷去除效果，低密度种植经济水生植物可在稳定塘表层形成生物膜及植物根系网络，将部分营养盐富集于生物链中，经定期收割有效阻断其再度释放。

在饮用水资源敏感区及局地水资源保护优先区域中，因管理要求较高，可将简易厌氧处理与好氧过程适当结合。厌氧反应器能在相对封闭的环境下分解高浓度有机物，使悬浮性固体及溶解性有机污染物大幅减少，同时削减部分有毒副产物。后续通过小规模的曝气池或生物接触氧化工艺，让残余溶解性营养盐和难降解有机物在有氧条件下进一步氧化，最终获得相对清洁的出水。此类系统虽较前述稳定塘或湿地稍显复杂，但在兼顾一定处理效率与运行成本的情况下，仍能满足农村水源地水质保护的基本需求。

在此基础上，加强当地村民与基层技术人员对污水处理设施的日常维护与操作知识培训，将有助于确保简易设施的长期稳定运行。当处理设备与湿地、稳定塘、沉淀池或生物滤池通过合理布局与协同联动，形成一套适应当地土地利用格局与经济条件的系统方案，能够在较低的技术门槛下有效降低面源污染物入河量。通过周期性检测出水水质，调整处理单元的水力停留时间与植被配置密度，也可进一步优化处理效果。此类灵活、可扩展且易于管理的简易处理技术，使农村分散污水处理从无序外排向有序控制转变，在经济可承受范围内为改善当地水环境质量与削减面源污染积累经验，为农业与环境之间建立更为和谐的关系提供技术支撑。

（四）秸秆综合利用技术

在农业生产中，作物秸秆常因未被合理利用而沦为潜在面源污染源。当秸秆随意堆放、焚烧或任其风化，内部的可溶性养分与有机化合物易在降雨径流与下渗条件下向土壤与水体扩散，促使氮、磷等营养元素无序流失。面源污染在这种无序扩散中逐渐积累，使土壤肥力分布不均衡、水体富营养化风险提升、环境承载能力受到削弱。通过秸秆综合利用技术，可将这一潜在污染物转化为有价值的农业投入品与工业原料，从而在减少面源污染方面发挥显著作用。

在农田土壤结构改良与营养供给层面，秸秆还田技术已得到较为广泛的研究与实践。秸秆经机械粉碎后将直接翻压入土壤，或采用高温堆沤手段先行分解，再将其腐熟产物还入农田，使土壤中有机质、速效钾及其他微量元素的含量获得不同程度的提升。随着土壤团粒结构得到改善，土壤保水保肥性及微生物群落活力增强，化肥过量施用现象可逐渐缓解。营养元素在土壤—作物系统内形成相对均衡的循环通路，化肥用量下降间接减少氮、磷沿径流和淋溶途径的无序扩散。运用这种优化策略，农田生态系统的稳定性与韧性提升，削弱了面源污染持续累积的动力。

对于因粗纤维含量高而直接营养价值有限的秸秆，可通过饲料化处理将其转化为畜禽易消化的营养源。微生物降解和青贮发酵等技术可使秸秆内部纤维软化，同时提高粗蛋白质及维生素等营养成分含量。在这一加工过程中，秸秆内部纤维素、半纤维素及木质素结构发生改变，为畜禽采食与消化创造条件，减少直接丢弃和腐败分解导致的潜在污染物散逸。饲料化的技术路径不仅降低了畜禽养殖对人工合成饲料和矿物肥料的依赖，也在无形中建立起作物秸秆—畜禽—农田间的闭合循环链条。此链条中，养分沿生物体和农田的路径流动，使污染物扩散路径受阻，土壤与水体中氮、磷的非目标性迁移得以抑制。

在资源综合利用环节，将秸秆作为生产原料纳入造纸、编织、食用菌栽培、纤维板加工以及生物质燃料和化工原料生产领域，为秸秆资源化开辟多层次利用空间。通过工业技术将秸秆中富集的纤维素及木质素成分转化为高价值产品，可有效避免直接焚烧和弃置引发的空气和水环境负担。在此路径中，秸秆内部潜在污染因子被锁定在产品循环体系内，不再轻易释放至农田和河流水域。产业链多元延伸可分散面源污染的高峰与累积效应，从根本上减轻农区环境载荷。

秸秆综合利用技术在生态与经济层面兼备现实意义。当秸秆由低附加值废物转化为肥源、饲料或工业原料，农业生产者有积极性主动回收与处理秸秆，以获得稳定收益。这种良性循环可显著降低环境管理成本和面源污染控制难度。在技术层面，精确控制堆沤条件、优化微生物处理工艺、合理调配氮磷比例，使秸秆在还田或饲用加工过程中维持高效、清洁与增值的特点。通过逐步推广规模化、标准化和机械化的处理设施，提高秸秆资源化利用的稳定性和可预测性，使其在更大范围内成为遏制面源污染的重要手段。

在这种多层次、多路径秸秆综合利用技术的支撑下，农田土壤有机质水平逐步提升，水体内营养元素富集倾向得到控制，传统面源污染隐患得以缓解。整个农业生态系统形成了更高效的营养循环、更健康的生物群落结构和更经济合理的产业链。

第四章　农村点源污染及治理

第一节 农村点源污染的定义与特征

一、农村点源污染的定义

农村点源污染指特定位置和固定路径将污染物集中排放于农村环境介质的污染类型。此类污染源具备明确且可辨识的排放口或输送渠道，污染物由此直接进入水体、土壤或大气中，形成局部浓度较高且持续存在的污染状况。其定义强调可精确定位的排放位置与相对稳定的排放特征，既区别于面积分散、来源模糊的面源污染，也有别于城市工业集中区所常见的复杂混合污染形态。农村点源污染包括小型工业加工设施的未经有效处理废水直排、畜禽养殖场粪污及农产品加工副产物的不当处置、乡镇污水处理设施未达标排放、村办企业或家庭作坊的固液废物倾倒等。这些点源通常因缺乏完善的基础设施、资金投入与技术支持而难以实现高效治理，监管与执法机制不健全更使实际排放状况隐蔽且持久。与大规模工业集群中严格监管与集中处理的条件相比，农村点源污染常在局部形成高度不均衡的环境压力，对水资源安全、土壤肥力与农产品品质乃至居民健康构成潜在威胁。定义农村点源污染时须明确其物理位置、排放口性质、污染物种类与传输途径，以保障后续研究与控制手段的针对性与科学性。

二、农村点源污染的特征

农村点源污染的特征表现为若干可辨识的关键要素，这些要素在特定社会经济和自然条件下交织形成复杂结构，对环境治理与资源配置产生深刻影响，如表 4-1 所示。

表4-1　农村点源污染的特征

特征	描述	治理建议
可定位性	污染源位置明确、排放路径和受纳环境具备清晰的地理坐标，方便溯源和监控	1. 布置监测设备和采样器材在排放点附近； 2. 提高执法力度，明确责任； 3. 通过数据分析优化资源分配，聚焦治理关键地点
高浓度性	在有限空间内积聚大量污染物质，对局部环境产生严重影响，包括水质恶化、生物多样性降低、土壤退化等	1. 投放专用吸附材料； 2. 设计高效物化和生物处理系统； 3. 提高监测频率，实时跟踪污染物浓度和扩散范围
时空动态性	污染物排放随季节、气候和生产活动波动，导致污染量、类型和影响范围的不确定性，如雨季冲刷加剧或生产高峰期排放增加	1. 建立长期连续监测体系； 2. 应用多源遥感和自动化感测设备； 3. 根据动态变化趋势调整治理策略并储备应急物资

（一）可定位性

　　农村点源污染在环境研究和治理实践中体现出明确的可定位性，即污染源位置、排放路径和受纳环境的相对坐标具有清晰可辨的特征。这种可定位性使环境监测机构、执法部门及研究人员能够准确识别特定点位的污染排放行为，并在较短时间内获取相关参数与数据。由于地理坐标和排放点位具备清晰指向性，可将监测设备、采样器材和数据记录系统直接安置于排放口或其邻近区位，提升调查与管控的精准度。可定位性不仅便利溯源分析，还强化了责任明确化的基础，可有助于在后续法治建设与责任追究中实施精确执法与问责。由于点源常以管道、暗渠、小型沟渠或临时设施将未经充分处理的废水、废渣、有害气体集中导入邻近水体、土壤或大气中，可定位性有利于及时识别此类入口特征，并实施动态追踪与定期核查。在传统分散性污染条件下，监管人员常需耗费巨大的人力与物力寻找潜在源头，而点源的可定位性可大幅减少寻找成本，有助于快速制定干预策略。此特征同时为科学研究提供数据收集与模型构建的有利条件，可将采样重点集中于源头附近，利用高时间分辨率和空间分辨率的连续监测数据描绘污染物扩散曲线、迁移路径和沉积特征。通过聚焦可定位性，还可为下游处理构思提供理性判断，在有限预算条件下将资源高效分配至关键地点，实施差异化与精准化治理。依托可定位性而开展的执法行动可更严格地限制未经许可的排放行为，促使利益相关者增强守法意识与环境责任感。

（二）高浓度性

农村点源污染往往呈现高浓度性，即在有限空间范围内积聚大量有毒有害或富营养化物质，导致局部环境压力骤增。这种高浓度性与缓慢扩散的区域背景形成鲜明对比，可在排放点及其下游短距离范围内快速改变水质、土质或空气成分。当未经适当处理的有机废水、含氮磷溶液或重金属离子直接倾入农田灌溉渠、村落池塘或小型水库，会在局部尺度形成高浓度污染团块，使水生生物受到严重胁迫并引发生物群落结构紊乱，农田土壤中有益微生物群落退化及重金属富集，从而影响作物品质与产量。高浓度性还会削弱受纳环境的自净能力，因过量营养盐或化学抑制剂的存在，微生物降解与转化速率大幅降低，使底泥、土层及水体持续承受高污染负荷。此类现象不仅影响生态系统结构，还对人类健康构成潜在威胁，饮用水源可能出现异味、藻华暴发与致病菌滋生，长期暴露条件下或导致慢性健康问题。应对高浓度的难度在于需要高强度、定点化的治理方案，包括投放专用吸附材料、建立高效物化和生物处理装置，或设计精确匹配该污染特征的混凝、沉淀、过滤与厌氧消化系统。同时在监测策略上应当提高数据采集频率，以实时跟踪污染物浓度与影响范围，及时评估治理措施成效。

（三）时空动态性

农村点源污染的特征之一为时空动态性，即排放量、污染物类型与影响范围随季节变迁、气候条件与生产活动周期而显著波动。这种动态性源于农村产业结构与农业生产活动的周期性特征，当某些季节集中开展农产品加工、畜禽育肥或特定工艺环节时，大量污水、废液、残渣在较短时段内集中排放，受纳水体瞬间负荷飙升，富营养化现象迅速加重，藻华得以快速繁盛，引起水质骤降。相对平静的农闲季节可能暂时降低污染负荷，但沉积在底泥或沿岸带的残余有害成分并未消失，只是等待下一个生产高峰再度活跃。当雨季到来时，强降水可能冲刷堆存于地表的污染物，使原本趋于缓解的水质问题再度恶化。干旱、霜冻与极端天气条件也可能改变点源排放渠道的稳定性与稀释能力，使污染团块在极短时间内向下游扩散。此类动态性特征使传统静态监测与固定频次检测难以有效捕捉污染峰值与关键转折点，可能导致低估风险或错失最佳干预时机。应对时空动态性需要建立长期连续观察体系，利用多源遥感、自动化感测装置与高时间分辨率采样技术，在多季节、多天气条件下记录水质、土壤与大气数据。通过分析动态变化趋势，可预测高风险时段与空间节点，并提前布设应急设施或储备治理物资。此类特征还要求决策层与执行机构灵活调整措施配置方案，根据动态变化及时更新治理策略，使其在长周期与多维度条件下维持有效性。

第二节　工业点源污染的影响与治理

一、工业点源污染的类型与主要来源

（一）工业点源污染的类型

1. 高浓度有机废水类工业点源污染

这一类型的工业点源污染通常来自食品加工、制药、皮革、造纸以及生物发酵等行业。这些工厂在生产过程中产生大量含有高浓度有机物质的废水，包括糖类、蛋白质、脂肪和复杂有机化合物。这些高浓度有机废水流出固定的排放口后迅速进入地表水体或土壤环境，导致水体溶解氧水平显著下降，促进厌氧微生物大量繁殖，引起发臭、黑色化和富营养化现象。水生生物种群、底栖生物结构与水体生态平衡易受冲击，导致生物多样性降低及渔业资源衰退。在缺乏有效处理措施的条件下，这些高浓度有机废水可能在河流拐点、湖泊入水口或农业灌溉渠中形成局部高污染区，使周边居民生活用水和农业生产受到直接影响。治理这种类型的污染需要应用高效的生物处理、膜分离和高级氧化技术，并辅以严格的监管制度与现场监测措施，以期在源头与末端双重环节实现减排与净化。

2. 重金属及有毒化学品类工业点源污染

这一类型的点源污染常由冶金、电镀、印染、矿石选矿、化学药品制造与金属表面处理等行业引起。此类废水、废气或废渣中常富含铅、镉、汞、砷、六价铬等重金属元素以及多环芳烃、苯系物、酚类等有毒

101

有害化合物。当这些污染物通过定点排放口进入环境介质后，会在水体、土壤和底泥中长期积累，并可能通过食物链传递，对人类健康与生物群落稳定性构成长期潜在威胁。当受纳环境缺乏足够的缓冲能力时，重金属易与土壤颗粒、底泥有机质紧密结合，使植被根系或水生生物吸收后引发毒性累积，最终危及农业生产与公共健康。减少此类污染的关键在于强化工艺过程中的清洁生产和源头控制，通过生产流程优化及替代技术减少重金属和有毒化学品的使用与产生。同时，需要严格的末端治理和监测手段，如化学沉淀、离子交换、膜过滤、先进吸附与固定化技术，以保障潜在风险降至最低。

3. 含悬浮颗粒物及固体废物类工业点源污染

这一类型的点源污染多出现在建材、水泥、煤炭加工、矿石破碎及某些初级冶炼工业中。在生产活动中，大量含矿物颗粒、粉尘、金属氧化物的废水和废气由固定排放口释放至外界环境。过量颗粒物沉积在农田表层或水体底部，改变土壤结构与河床特性，影响土壤微生物区系平衡和水生生物的生存条件，进而降低农作物产量与河道生态功能。部分固体废物如炉渣、尾矿渣、含重金属沉淀物若未能妥善处理，会通过雨水淋溶和风蚀扩散，使周边土壤与水源遭受二次污染，形成难以逆转的累积效应。减少此类污染需落实严格的封闭式生产、粉尘收集及真空吸附系统，以降低排放口的颗粒外泄。末端治理则可考虑使用重力沉降、气浮分离及物理滤料截留等处理工艺，使悬浮颗粒物和固体废物在排放前得到充分的预处理和资源化利用，从而降低潜在环境风险。

（二）工业点源污染的主要来源

工业点源污染的主要来源如表4-2所示。

表4-2　工业点源污染的主要来源

污染来源类别	主要问题描述	改善建议
原材料与生产工艺环节	高污染原料投入；工艺过程复杂且高强度；副产物直接排放；投资不足	源头控制；清洁生产和循环利用；工艺技术升级；强化预处理和末端治理
废水处理设施与设备运行不当	设施运行状况不佳或缺乏维护，处理能力不足或超负荷；未达标废水在日常生产中径直排放；处理系统在高峰期或突发性工艺变更时未能及时调整运行参数	引入在线监测与自动化控制技术；加强设备维护与人员培训；通过实时反馈与预警体系维持最佳运行状态；加大对违规排放行为的惩罚力度
老旧工业园区与小型家庭作坊式企业	布局不合理，缺乏污水收集与集中处理系统；小型企业使用简陋处理方法或直接排放废水；隐蔽性高，监管难度大	完善法制框架；提供技术与资金支持升级工艺与设备；规划集中处理中心，实现治理设施的共享与统筹化管理

1. 原材料与生产工艺环节

工业点源污染的主要来源之一是选材、原料预处理及实际生产工艺过程。特定产业（如造纸、制革、冶金、化工及食品加工）环节，需要投入大量未经精细净化的原材料，同时引入多步骤的化学反应与高温高压条件。由于工业技术路线、辅助溶剂和添加剂、助剂等因素影响，废水中有机物、无机盐、毒性残留物种类繁多，浓度水平高于一般生活污水。未经有效隔离与提纯的副产物往往通过设定的排污口直接进入邻近环境。在经济利益的驱使下，企业可能忽视对关键部位的预处理与净化技术投资，导致高负荷废水和废气的持续排出。要降低此类来源的点源污染，可在原材料甄选中优先考虑低污染潜力的品种，在工艺环节强化清洁生产与循环利用策略，通过工艺改进与技术升级减少源头污染物的生成。

2. 废水处理设施与设备运行不当

另一类主要来源在于工业企业自身污水处理设备与设施运行状况不佳，或缺乏适当维护与升级。较为常见的情况是处理工段减配、偷工减料或处理设施超负荷运转，导致出水水质不达标。当生产周期达到高峰或突发性工艺变更时，废水处理系统未及时调控运行参数，生化处理单元、物化处理设备或膜系统遭受过量负荷冲击，使出水水质迅速恶化。部分企业仅在监管抽查或验收时期短暂开启废水治理设施，日常生产时则将未达标废水径直排放。设施与设备运行不当的情况延长了点源污染的持续时间与影响范围，成为环境质量难以提高的重要阻力。在改善策略中，需引入更加严格的在线监测与自动化控制技术，强化设备维护与人员培训，通过实时反馈与预警体系确保处理装置在任何生产条件下维持最佳运行状态，并在执法层面加大对违规排放行为的惩罚力度。

3. 老旧工业园区与小型家庭作坊式企业

部分工业点源污染还来源于布局不合理、技术落后与监管难度大的老旧工业园区及小型家庭作坊式企业。这类区域常缺乏完善的污水收集和集中处理系统，企业之间缺乏统一规划与清洁生产导则，导致不同类型的废水、废气与固体废物在多个点位持续且不间断地释放。小型企业成本压力巨大，倾向于使用简单粗放的处理方法，甚至直接将生产废水排入邻近水体或沟渠。由于地点偏僻、隐蔽性高，此类点源对生态环境与居民健康构成了潜在威胁，同时也增加了监管难度与治理成本。为了有效遏制此类来源造成的污染扩散，需要在政策与法规层面完善法制框架，提供技术与资金支持帮助小型企业升级生产工艺与处理设备，并在区域规划中建立完善的集中处理中心，提高治理设施的共享与统筹化水平，从而实现对老旧工业园区和小型作坊式企业点源污染的科学管控。

二、工业点源污染对农村环境的影响

（一）对水环境质量的影响

当高浓度有机废水、富含重金属离子及有毒有害化合物的工业废水通过管道、沟渠或临时性排水设施进入农田灌溉水渠、小型溪流、池塘与地下水系统，水环境中自净过程被严重削弱。受纳水体中的微生物群落失衡，特定种类的腐生菌与致病菌可能迅速繁衍。高浓度有机污染物的存在使溶解氧含量骤降，水生生物所需的氧气供应不足，导致鱼类、底栖生物和浮游生物种群数量与多样性显著降低。部分化工与重金属污染物不易降解，长期滞留于水柱与沉积物中，通过生物富集和生物放大作用沿食物链传递，威胁更高级营养级生物与人类消费者的健康安全。

渗滤作用使地表排放的污染物进入地下含水层，改变地下水水质参数，影响邻近村落居民饮用水安全。尤其在缺乏有效管控与隔离的情形下，点源污染物的长期积累会在局部区域形成难以逆转的水质恶化趋势，水源性疾病与慢性健康问题增加了农村社会的医疗负担与风险敏感度。水质变差还影响农业生产效率与农田生态系统功能。受污染的灌溉水使土壤盐分、重金属含量与毒性有机物负荷上升，作物根系环境与营养元素平衡被破坏，农产品产量与品质有所下降，进而影响农村经济稳定与农户收入。

这种影响往往呈现出复杂的时空变化规律。干旱或丰水季节、生产高峰与停工时期，以及产业结构升级或转型阶段，都会影响排放量和水质指标。若缺乏长期监测与数据积累，容易错失控制窗口期，导致水环境治理陷入被动局面。解决此类影响需要长期稳定的监管架构与多维度治理策略，从技术层面改善废水处理工艺，在政策层面加大违法排放处罚力度，并在社会层面引导企业与农户增强环保意识。唯有制定系统、持续且科学的应对方针，方可缓解工业点源污染对农村水环境质量造成的深远冲击。

（二）对土壤质量及农产品安全性的影响

工业点源污染物沿水体、空气或径流进入农田及周边土壤系统，使土壤质量与农产品安全性面临持续威胁。重金属离子、难降解有机物质及有毒化合物在土层中积累，原本稳定的土壤微生物群落受到胁迫，微生物数量与多样性显著下降。由于微生物在分解有机质与维持土壤肥力方面发挥关键作用，其群落结构失衡导致土壤肥力退化与团粒结构破坏，进一步影响作物养分吸收与根系生长。特定的金属离子如镉、铅、砷等在土壤中具备较强的吸附与富集能力，一旦超过环境承载极限，根系将不可避免地吸收并转移这些有害元素至作物茎叶和果实。

长期暴露于含有重金属和化学残留的耕地中，粮食、蔬菜、水果及油料作物中有毒元素浓度可能超标。消费者在日常膳食结构中摄入此类被污染农产品，不仅面临慢性中毒、神经及内分泌系统紊乱的潜在风险，还会在代际传递健康隐患，给农村社会带来深远影响。农户面对产量降低与品质下降的农业生产环境，经济利益与生计基础受到冲击，而农产品市场因安全风险升高导致声誉与消费者信心动摇，进而影响产业链的稳定性与可持续性。

即便工业点源已停产或迁移，其历史遗留的污染负荷依然在土壤中延续存在，并可能通过持续种植与灌溉活动向新一季农作物循环传递。这种长期滞留特征使土壤修复与生态重建相对复杂与高昂，传统翻耕、暴晒等措施无法彻底清除深层累积的有害残留。解决此类影响需要整合多学科手段，通过生物修复、土壤淋洗、稳定化处理与轮作制度等技术手段降低土壤污染物浓度；通过推动可溯源农产品供应链与严格市场检测机制提高食品安全保障水平；通过引导地方政府与企业共同承担环境修复成本，确保利益相关者切实参与并践行可持续农业发展模式。

（三）对大气环境与公众健康的影响

工业点源污染不仅影响水体与土壤系统，也对农村大气环境与公众健康产生深远影响。当工业废气在固定排放口被持续释放，含有颗粒物、硫氧化物、氮氧化物、挥发性有机化合物及特定金属尘埃的烟雾与微粒在局部空间浓度骤增。大气中悬浮颗粒物与有毒有害气体改变局地空气质量，天空通透度下降，能见度减弱，导致周边居民在日常生活、农业劳作与外出交通方面均受到不利影响。一旦细颗粒物（如 PM2.5）和超细颗粒物（如纳米级金属氧化物）被人体吸入，可引发呼吸系统疾病，加剧哮喘、慢性阻塞性肺病和心血管疾病的发病率。长期暴露于有害气体的环境中还可能导致免疫系统紊乱，增加某些恶性肿瘤发病的潜在风险。大气中工业排放的污染物在风向、气象条件与地形影响下可能形成局部滞留区，使特定村庄或农业区承受持续而高强度的空气污染。当夜间大气边界层高度降低，污染物扩散能力减弱，累计浓度再度升高，影响农户室外活动与学生通学安全。儿童、老人及免疫力较弱人群对空气质量敏感，一旦农村地区长期处于此类大气污染氛围下，医疗负担与公共卫生压力随之上升，进一步引发社会关注与政治决策层面的应对呼声。

空气中特定化学分子和气溶胶颗粒物还能通过沉降作用再次落入土壤与水体中，使点源污染表现出跨介质迁移特征。大气传输过程中，农田、草地、林地或其他生态系统遭受二次输入的潜在有害成分。在这样相互叠加的污染格局中，单一媒介的治理已不足以缓解污染风险，需要整体协同管理。通过提高工业排放标准、应用先进烟气脱硫脱硝与颗粒物捕集技术、引入在线监测与预警系统，可有效降低大气中有害物浓度。同时应推动公众健康监测与疾病预防体系建设，为弱势群体提供必要的健康干预与医疗保障。这些措施有助于在宏观层面缓解工业点源污染对农村大气环境和公众健康造成的负面影响，使农村地区逐步迈向更加清洁和可持续发展的轨道。

三、工业点源污染的治理措施

工业点源污染的治理措施如表 4-3 所示。

表4-3 工业点源污染的治理措施

污染来源 / 技术类别	主要问题描述	技术 / 方法描述	效果与应用
工业废水处理技术	工业废水含高负荷、有毒副产物及多样化污染物质；污染物类型多样、水质复杂	化学沉淀与混凝法、生物处理（活性污泥系统、曝气生物滤池等）、膜分离技术（超滤、纳滤、反渗透）	去除悬浮物、金属离子、降低有机污染负荷；适用于多种工业废水处理场景，提升处理效率，资源化回收潜能高
废气净化技术	工业废气成分复杂，含多相颗粒物、无机气态污染物及难降解组分，污染控制难度大	机械除尘（旋风分离器）、湿式洗涤塔、吸附技术（活性炭、沸石）、光催化与等离子体氧化、高效电除尘器、袋式除尘器	控制气体污染物与粉尘排放；适用范围广，能满足高浓度、多类型气态污染物处理需求，支持细颗粒物去除
烟尘处理技术	工业烟气含金属蒸气与超细颗粒，伴随高温高湿、高腐蚀性环境，处理复杂度高	分级治理技术（预处理、化学吸收、催化反应、高精度过滤）；SCR与SNCR技术用于NOx控制；高温陶瓷滤管处理高温烟气	高效去除颗粒物与气体污染物；适用于电厂、水泥生产线、冶金熔炼等高排放场景，提升系统稳定性，降低二次污染
固体废物无害化与资源化利用方法	工业固废类型多样，包括矿渣、粉煤灰、污泥、废催化剂等，存在有毒成分及资源化潜力	稳定化与固化（固封金属离子与毒物）、资源回收（磁选、火法冶炼）、生物修复（厌氧消化）、高温焚烧、等离子熔融技术	实现固废无害化处理与资源化利用；减少渗滤液重金属迁移风险，产出建筑材料、能源等资源，助力循环经济与清洁生产

（一）工业废水处理技术

工业生产过程常伴随高负荷、有毒副产物及多样化污染物质的废水排放。适宜的处理技术须综合考虑污染物类型、水质特征、处理效率、经济可行性以及后续资源回收潜能。化学沉淀与混凝法作为较基础的工艺,可去除悬浮物、胶体颗粒及部分金属离子,使原水浊度与色度明显下降。生物处理路径利用微生物群落对有机物降解与转化的能力,在活性污泥系统、曝气生物滤池及生物膜反应器中强化微生物生长环境,使大分子有机物分解为低毒性甚至无害的小分子产物。此类生物反应单元与预处理工艺以及后续深度净化环节耦合,将有机污染负荷降低至接近天然水体承受范围。

膜分离技术在高难度工业废水处理中具有独特优势。超滤、纳滤、反渗透及膜蒸馏单元可在分子层面分离溶质与溶剂,适用于重金属、盐分及难降解有机物的高效去除。通过膜孔径选择性分离与静电、扩散及筛分效应,能确保出水水质相对稳定。此类技术在高浓度有机废水处理中提升可生化性,为后续生物处理单元减负。资源化回收与零排放理念逐渐嵌入废水处理技术方案。通过蒸发结晶与离子交换,可从含盐废水中提取工业盐或有价值元素,减少对环境的最终排放量。厌氧生物反应器在分解有机物的同时产出甲烷,既控制污染,又实现能量回收。此类整合性处理思路将工业废水由单纯负担转化为潜在的资源来源,促进产业结构优化。

环境监管体系与在线监测平台为技术实施提供数据支撑。自动采样、连续监测以及模型预测可辅助动态调整处理单元运行参数,优化药剂投加与曝气量调控策略,使处理系统在高负荷冲击与水质波动时仍保持较高净化率。以多元技术模块耦合、资源回收型工艺与智能监管平台形成的综合体系,为工业废水处理提供行之有效的路径,平衡经济投入、资源利用与环境保护。

(二)废气净化与烟尘处理技术

1. 废气净化技术

工业废气成分复杂,含有多相颗粒物、无机气态污染物及多环芳烃等难降解组分。控制此类气相点源污染需从气体预处理与精细分级净化入手。旋风分离器与重力沉降室等机械除尘设施通过气流流态调控，使较大粒径颗粒物在离心力与重力作用下与气流分离，这类技术结构简单、维护方便，但对微细颗粒去除效率较低。湿式洗涤塔利用液相吸收剂与气体混合接触，将可溶性或可反应的气态污染物（如 SO_2、NH_3）转移至液相，结合喷淋、填料层与雾化器优化传质界面，提高污染物吸收效率。液滴与颗粒碰撞、凝并使部分细颗粒物随洗涤液排出，减轻后续净化单元负荷。此过程既控制气体组分，又降低粉尘浓度。

利用活性炭、沸石与金属有机框架材料等高比表面积多孔介质，可有效捕捉挥发性有机化合物（VOCs）与痕量有毒气态组分。通过调控操作温度与压力，吸附饱和的介质再生后可重复使用，节省运行成本。光催化与等离子体氧化作为较新型技术路径，借助光子与高能电子束作用，将低浓度难降解组分转化为低毒副产物。为应对细颗粒物与超细颗粒物的治理难题，高效电除尘器与袋式除尘器崭露头角。静电除尘器利用强电场将带电粒子定向迁移至集尘板表面，实现大规模工业废气中颗粒物的批量去除。袋式除尘器借助精细纤维滤料拦截悬浮颗粒，去除效率高，对于亚微米级粉尘具备较强适用性。自动清灰与滤料更新策略提高装置运行稳定性，使出气粉尘浓度降至极低水平。

气相净化技术不宜孤立实施，需整合多种工艺。协同应用机械、化学、物理与生物处理单元，可在满足严格排放标准前提下，使系统对原料波动与工况变化保持一定适应度。在线监测传感器与数据分析平台为治理装置精细调参提供技术支持，确保设施高负荷运行时仍有较优处理效果。

2. 烟尘处理技术

在工业废气治理实践中，在多层次净化流程上构建精密化控制链条至关重要。高温、高湿或高腐蚀性的尾气环境需要特殊材质与耐腐蚀结构部件。例如，高合金钢、特种塑料或陶瓷材料在应对强酸性气体与高温颗粒流时的持久性表现良好，能减少设备损伤和二次污染物生成。为提升系统整体效率，可通过多级净化工艺串联，使气流先经预处理单元降温、除雾，再由化学吸收或催化反应单元分解有毒组分，最终由高精度过滤装置将残余粒子截留。此类分级治理策略能够适应复杂工业废气成分与波动性，确保气体在每个环节得到针对性处理。

选择性催化还原（SCR）与选择性非催化还原（SNCR）技术在氮氧化物（NOx）控制领域发挥重要作用。精确定量喷射还原剂，使 NOx 转化为氮气与水，降低烟气中潜在的酸雨前体物含量。催化剂种类、温度区间与空速控制是工艺关键参数。陶瓷蜂窝结构或金属载体可提供高比表面积与催化活性位点。针对颗粒负荷较高的气流，SCR 单元前置高级除尘设备，以避免催化剂表面沉积过量颗粒而影响反应效率。此类工艺路线在大中型工业锅炉、燃煤电厂与水泥生产线中应用成熟，对大幅削减 NOx 排放效果显著。对于挥发性有机物（VOCs），先进氧化与催化燃烧路径提供有效解决方案。在过渡金属氧化物或贵金属催化剂表面，VOCs 在适中温度下被转化为 CO_2 与 H_2O。调控气体停留时间、氧浓度与空速参数，使催化剂在较低能耗条件下完成降解过程。等离子体处理作为辅助途径利用电子碰撞与自由基反应提高 VOCs 分解速率。此类技术路径可与后续吸附与冷凝工段配合，确保微量残余成分被彻底消除。

在冶金熔炼、电弧炉及有色金属冶炼过程中，高温烟气中含有金属蒸汽与凝聚超细颗粒。采用耐高温、低热膨胀系数的陶瓷滤管可直接在 800℃ 以上工况下高效拦截微细颗粒，有利于简化降温环节，减少能耗与二次污染物生成。复合滤材在多层纤维结构中嵌入纳米催化颗粒，使滤料同时兼具颗粒截留与有害气体降解功能，以一体化方式缩短流程链。

废气治理技术的可持续性还需考虑治理副产物与能量消耗。吸收液定期更换、催化剂失活与滤材清灰残渣均需妥善处理与再生。高温气体余热回收装置将能量利用效率提升至更高层级，为清洁生产和循环经济布局注入动力。持续研究新型催化剂、优化气流分布、实施自动控制系统与过程模拟，有利于持续改进废气净化与烟尘处理技术的经济性与高效性。

社会经济层面严格监管与政策激励使企业投资于高性能气体净化设备，提升全产业链环境绩效。信息化与数字化工具介入后，可通过传感器网络、云计算与大数据分析技术实现实时监测与远程诊断。工艺参数调整与故障预警得以更敏捷地进行，降低运行成本与维护压力。气相污染控制策略与地域条件、生产规模、原料类型相关，灵活性与模块化设计思路越来越受到重视。将标准化除尘模块、气体催化箱与吸附组件进行组合与配置，有助于快速适应工艺变更与原料供应变化。此类模块化策略契合中小型企业与偏远地区工业分布特点，使更多企业以较低门槛获得先进治理手段，从而在更广泛的区域范围内实现废气排放标准的有效达成。

（三）固体废物无害化与资源化利用方法

工业生产过程产生的固体废物类型多样，矿渣、炉渣、粉煤灰、金属屑、精馏残渣、含有毒成分的污泥与废催化剂等构成复杂物质谱系。无害化与资源化利用策略强调从源头减量、过程控制与末端处置环节协同实施技术措施。稳定化与固化处理可将高危废物中可溶性金属离子与有机毒物固封于固体基体中，通过水泥固化、陶瓷固结与玻璃化技术使有害组分难以释放。此类方法将流动性废物转化为稳定形态，降低渗滤液中重金属与毒性有机物迁移风险，为后续安全填埋或道路铺设、建筑材料制备提供基础保障。粉煤灰在适当粒径分布和化学成分控制下可用作水泥替代材料和建筑骨料，减少天然资源开采与能源消耗。高炉矿渣经过粉磨与分选后可作为高品质水泥添加剂，提高混凝土耐久性与强度。某些冶金渣中富含可回收金属元素，通过磁选、重选和火法冶炼步骤可再次提取有价金属资源，实现再利用与循环流动。将工业固废引入生态建筑材料生产线，可制备保温砖、透水砖或轻质墙体材料，在基础设施建设中实现二次增值。

生物修复与生物转化为有机废物资源化提供更广阔的空间。含高浓度有机质的污泥或发酵残渣在厌氧消化过程中分解为沼气与富含腐殖质的固体底泥。沼气可为工业园区内的热能与电能供应提供清洁能源，底泥中富含矿物营养元素与腐殖质成分，可经无害化处理后在农业种植中用作土壤改良剂。通过精细控制发酵条件，提高有机物降解率与沼气产率，将原本负担性的有机固废转化为稳定、易利用的生物能源与土壤改良资源。涉及高毒性、有强烈腐蚀性或放射性物质的固废，需要高温焚烧、等离子熔融或超临界水氧化等极端条件进行彻底分解或封存，以确保无害化处置程度。特定焚烧过程需配套高效烟气净化与飞灰稳定化处理环节，以免在处置过程中引发新的二次污染。等离子熔融技术将废物加热至极高温度，使无机组分形成惰性玻璃体，将其中有害元素固定于稳定晶格结构中，从而大幅减少长远泄漏风险。

通过建立固废数据库与全流程追踪系统，可实时掌握来源、特性、数量与流向。数据分析与模型计算为资源化路径设计、市场需求预测和经济性评估提供基础。自动分选、精密筛分与机器人协助的物料搬运系统使处理过程更具效率与安全性。在区域层面，建立工业共生网络，促进不同行业间固废交换与资源共享，实现多方共赢。某类工业废渣可成为另一类企业生产的原料来源，构建产业链闭环，有助于减少自然资源消耗，提升整体生态效率。

完善的环境监管体系要求企业定期报告固废产生及处置信息，接受第三方检测与审计，确保合规运行。科技研发与产业实践形成良性互动：研发部门不断探索新型固化剂、分离材料与生物催化因子，企业据此优化工艺链条、提高产品附加值。国际交流与区域协作机制可为标准提升与技术推广提供机遇。固体废物无害化与资源化利用方法的长期演进趋势倾向集成化、智能化与低碳化，通过结合经济学、材料科学、环境工程与生物技术领域的知识，将处理技术与产业升级、政策引导及社会参与有机结合，为农村地区与更广泛区域建立高质量环境提供可靠支撑。

第三节　生活点源污染的现状

在农村生态环境治理领域，生活点源污染逐渐被视为亟待关注的问题。与工业及大规模畜禽养殖业造成的环境压力相比，农村生活点源污染在规模和形式上或许相对分散，但其累计影响及潜在风险不容忽视。生活污水、垃圾以及畜禽粪便等固体废物的排放及处置方式，在缺乏完善基础设施与有效管理制度的条件下，往往成为威胁水土资源、生态平衡以及公共健康的源头。通过考察生活污水排放与处理现状、生活垃圾及畜禽粪便处置问题及其对农村环境和社会的深远影响，可获得关于农村点源污染特征与治理难点的清晰认知。

一、农村生活污水排放与处理现状

（一）生活污水的主要来源及排放特点

农村居民日常生活过程（包括洗涤、淋浴、炊事与饮食加工）所产出的废水中，低浓度有机污水占据主要比例。该类污水虽不含显著的工业毒性物质，但富含有机物、氮磷营养元素及潜在致病性微生物。由于人口密度、经济条件与基础设施建设程度的差异，不少农村地区未能实现生活污水的有效收集与集中管网输送。排放途径因而呈现分散、随意的特征，部分村落仍沿袭传统习惯，利用土沟、简易排渠或临时性下水井将未经处理的生活污水直接引入邻近的水塘、沟渠或农田。此类状况不但缺乏有效的自然净化过程，还易在局部区域形成高负荷的点源排放，强化了对周边环境的潜在影响。

（二）农村生活污水处理设施建设运行

部分农村地区已经尝试建设小型的生活污水处理设施，但是较多低级别设施在技术上偏向简单氧化塘或小型集中生化池的方案，运行效率与减排成效存在较大不确定性。资金缺口与维护人员短缺问题使处理设施在后期管理中面临难题，设备老化、管路淤塞以及能耗与药剂成本不足等因素导致长期运行不佳。多数村落尚未形成稳定的监测与评估机制，处理效果数据匮乏，难以为后续政策制定与技术改进提供科学依据。

二、生活垃圾及畜禽粪便等固体废物的污染问题

（一）生活垃圾收集、转运及处置现状

农村地区的生活垃圾收集、转运与最终处置环节常呈现出明显的非系统化与粗放性特征。村落分布与居民居住模式相对分散，基础设施建设资金与运行费用相对不足，导致许多村庄尚未建立稳定、高效且安全的生活垃圾管理体系。此种情形下，村民多依据个人习惯或传统经验随意弃置家庭产生的固体废物，于宅前屋后、沟渠河边、田地空隙或村道旁形成临时性堆积点。一旦天气多雨，高浓度渗滤液将在这些堆放点处不断产生，流入表层土壤与浅层地下水，为局部环境引入难以快速降解的有机碎屑与潜在病原微生物。此类简陋的堆放模式缺少基本的防渗及密封措施，当降水冲刷或大风吹拂持续发生时，部分轻质垃圾如塑料袋、纸片及泡沫包装物将随风散逸于更大范围的农田、道路与沟渠水域。与此相伴的是对村庄整体景观与生产生活空间的美学与功能性的破坏，村民对环境卫生条件的不满情绪由此累积。

缺少完善的垃圾中转与清运设施使管理工作难以在空间上形成有效闭环。部分地区依靠少量简陋手推车或陈旧运输工具进行间歇性清理，周期不规律且覆盖不全面。垃圾清运至乡镇一级垃圾集中点后，如果缺

少后续处理能力，如填埋场防渗层、沼气收集系统或高温堆肥、焚烧发电与资源化再利用设备，则从村庄清运出的垃圾可能在中转点形成新一轮积聚。运输路线漫长、成本较高，使部分运载车辆为节约费用沿途倾倒少量垃圾或延长中转间隔，进一步降低全域治理成效。此类现象不仅影响单一村落的环境质量，甚至可能造成跨区域水体污染、土壤营养元素失衡及小尺度生境破坏。

地方政策与上级政府的环境治理项目在试图改善这一局面时面临诸多挑战。标准化垃圾收集桶、集中收集站点与公共分类设施的投放频度与数量有限，农户环保意识尚未全面提升，垃圾分类与减量概念难以贯彻。此外，一些试点项目在技术引进与模式推广阶段停留过久，缺乏适应本地气候、地形、水文与经济条件的实践性方案。在社会层面，缺少稳定经费支持与技术培训，使运营、维护与监管体系无法长期有效运转。市场化清运公司或社会组织的参与度偏低，导致本可减轻行政负担的社会力量难以有效进入农村垃圾治理领域。在此情况下，长期积累的垃圾存量与日常新增垃圾存量形成叠加，若缺少及时处理与分类回收环节，资源化利用率无法显著提升。无序处置模式最终恶化农村生态环境结构，使农田减产、鱼虾减少、微生物群落多样性降低，间接影响农户收入与居民生活品质。适宜的解决途径需在技术、资金、政策、社会动员与环境教育等多层面协同推进，为实现生态与社会效益的共赢奠定基础。

（二）畜禽粪便的产生与不当处理引发的环境问题

畜禽养殖活动在农村生产体系中具有广泛存在的经济价值与传统传承，然而伴随畜禽养殖规模与密度的持续增长，粪便及垫料残余物的长期累积在资源约束条件下逐渐显现出污染隐患。低投入的散养模式使粪污的产生数量难以精准统计，但在多处小规模养殖点重复出现的畜禽粪便露天堆放现象已成为较常见的画面。在未进行防雨遮盖与渗滤液收集的简陋环境下，氨氮、磷酸盐、有机酸及细菌、寄生虫卵等生物病原体通过降水的冲刷进入；邻近水系，并在田地表层或浅层地下水环境中发生积聚。当有机物被微生物迅速分解，溶解氧消耗增加，水体富营养化程度提升，水生生物结构受扰动，导致生物多样性与水体自净潜能下降。草鱼、鲤鱼、螺类与底栖生物数量减少，附近农田水渠、村内小型池塘与饮水井水质下降，使居民在灌溉与饮用中受到潜在病菌与毒素的威胁。

在土壤层面，畜禽粪便高含氮量及富磷特征导致土壤氮、磷比例失衡。原本依赖适度有机肥料提升土壤肥力的传统农业实践被粪污过量施用所扭曲。缺少发酵、腐熟与无害化处理的粪便将病原菌、重金属及抗生素残留物引入土壤微环境，破坏土壤微生物群落的正常代谢与循环机制。当土壤内部的微生物结构遭受扰动，养分转化与传递通道受阻，大量作物在生长周期内面临微量元素吸收障碍与根际生态条件恶化的双重挑战。多年累积下，土壤胶体结构与肥力水平渐趋脆弱，对持续种植形成隐性负担。

由此引发的环境问题在社会维度上也形成困扰。开放式粪污堆放场地散发的强烈气味与蚊蝇滋生，影响周边居民的日常生活品质。病原菌扩散提高传染病风险，人畜共患病不时发生，使公共卫生压力陡然提升。经营者若缺乏规模化专业设备与技术指导，粪便资源化处理潜力难以发挥。沼气发酵、微生物发酵或蚯蚓处理等生态工程手段本可将此类副产物转化为优质肥料或清洁能源，却因意识与经济因素受限而未被广泛采纳。长此以往，不当处理的畜禽粪便叠加其他污染因素，将农村环境置于复杂且多元的风险交织网络中，既影响局部环境承载力与农村生态系统稳态，也间接制约了可持续农业与健康人居目标的实现。要改善此局面，需要整合经济激励、技术培训与政策监管，厘清产业链，为畜禽粪便的合理处理与再利用开辟有效路径。

三、生活点源污染对农村环境与社会的影响

(一) 对水土环境与生态系统的综合影响

农村生活点源污染的持续存在对于区域水土环境与生态系统运行机制构成复杂扰动，不同类型污染源在水土介质中交互作用，使潜在问题呈非线性累积。水体中的高有机质与高浓度营养盐刺激特定微生物与藻类加速繁殖，造成水华与鱼类窒息事件频发。藻类过量生长后凋亡分解，底泥有机负荷继续攀升，使水体溶解氧长期处于较低水平，底栖生物群落遭到系统性重塑。自净能力减弱后，水体不易回归稳定状态，微生物优势种群单一化，传递至上游与下游生态链时衍生出多层级物种竞争失衡，从而使局部水域濒临退化。

类似情形在土壤生境中同样显著。多种污染因子在表层土壤中形成叠加效应，有机腐殖化程度受到外来未分解残渣抑制，重金属及抗生素残留积聚使土壤酶活性下降，关键营养元素循环受限。微生物群落作为土壤生态系统动力核心在受到胁迫时趋于简单化与不稳定化，某些有益菌群削减，病原微生物在缺乏竞争抑制情形下相对繁盛，极端条件下引发病原菌土壤。根系微环境内营养供应与防御机理转变，作物生长与品质稳态受到破坏，减产现象时有发生。水土环境与生态系统的综合影响也体现在食物链与生物累积层面，低营养级生物的群落结构改变使中高级营养级消费者失去稳定食源。水生生物对重金属与持久性有机污染物的富集引起捕食者种群生理负担的加重。若此类污染经农田引入农产品体系，则食物质量安全存疑，消费者健康风险与经济损失逐步加大。跨媒介迁移特征加速污染扩散，点源输入不再限于单点空间，而是通过水流、风蚀和生物扩散渗透至更广泛的生态域，最终导致区域环境功能一体化退化。

要在这种复杂情境中缓解影响，需要超越传统单一媒介管理模式，

引入综合的环境治理策略。水土协同治理、生态恢复与长期监测可为局部生态系统提供重建机会。环境工程与生态学、多学科知识与可持续发展规划在此交叉。农业生产者与决策层在技术与政策选择上均应强调兼容性，平衡短期收益与长期稳定的关系，确保生态系统在多重压力下仍具有复原弹性。

（二）对农村居民健康与生活质量的影响

长期存在的生活点源污染并非单纯的环境问题，也深刻影响着农村社区内部的人类健康与生活品质。村民取用的浅层地下水一旦受到有机废水渗滤液、细菌超标以及氮、磷离子浓度过量的影响，将面临饮用水标准达标率下降的局面。这类水质隐患很可能导致胃肠道疾病、皮肤炎症及潜在慢性中毒等症状的发生。孩童与老人等易感群体在营养与免疫防护能力不足的前提下，更易受到病原微生物及有害物质的入侵，个体健康问题在社区层面逐渐显现，医疗费用支出上升，耕作时间与学习投入度降低。随之而来的还有生活空间感知与心理层面影响。空气中弥漫的腐败气味、不断滋生的蝇虫、错落分布的垃圾堆放点均降低了村民对居住环境的满意度与归属感。外来人口在考虑迁入或旅游观光时对该区域环境品质存在顾虑，本地青壮年劳动力外出择业意愿增强。社会结构因环境卫生问题而进一步松散，邻里间因垃圾处理责任分担不清而产生矛盾，村级组织若缺乏有效管理工具则面临公共事务治理能力受限的困境。

在生产层面，水质下降和土壤退化迫使农户为保证产出品质而增加化肥和农药投入，形成投入与风险的恶性循环。无论是肠道疾病发病率上升、家畜患病频率增加，抑或农业利润减少，各种关联要素相互叠加，使原本以农业为支柱的社区丧失信心。在文化层面，传统农耕智慧提倡人与自然和谐共生，然而点源污染所造成的现实环境显然背离这一理念，进一步引发价值观层面的反思。面对这些影响，单靠个人努力或个别家庭投入难以改变整体局势。在政策层面，若未引入有效的环卫设施与公共卫生服务，健康风险将持续存在。社会组织、环境非政府组织、学术科研单位介入或能提供技术支持与知识传播渠道，引导公众接受环境教育与参与社区治理有望提升环境意识与自我管理能力，为从源头减少点源排放创造条件。经济适用型处理技术、高效监管体系与合理补贴措施若能形成合力，生活质量与环境健康指标或可逐步改善。

第四节　点源污染的控制策略与技术

一、点源污染的控制策略

（一）法规与政策体系的强化与完善

在农村点源污染治理中，亟须从制度层面构建健全且具有约束力的法律与政策体系。此类制度安排不仅关乎规则的制定，更在于确保相关利益主体的行为受到有效引导，风险得以防范，责任能够追究，形成内外协调、动态适应的综合治理格局。当前，一些农村地区仍存在环境法治笼统、执行力度不足、实施细则不完善，以及缺乏针对点源污染特定问题的精细化规范等问题。对此，强化法规与政策体系，可为实现治理目标提供坚实的制度性支撑。

在立法过程中，应聚焦农村特殊的环境条件与产业结构特征，采用差异化标准明确各类点源的排放限值与技术要求。切忌生硬套用城市或工业区的统一标准，而应针对小型畜禽养殖场、农产品加工点及传统手工作坊等不同主体设定具备灵活性和适应性的合规路径。在确保统一底线要求的前提下，以多元化合规方案提升政策的可接受度与执行力。

政策工具的设计不宜止步于刚性管控，应适度引入激励机制，如通过税费减免、贴息贷款、技术培训与财政补助等方式，引导村级主体自发采用清洁生产工艺和先进处理设备。同时，应构建上下联动的监管与协调平台，将乡镇政府、村委会、农户及企业主体纳入决策与执行过程，确保自上而下的政策规定在基层层面得以有效落实。通过绩效考核、第三方评估与公众监督，多方主体形成闭环监管，促进法律规定转化为切实成效。

法规与政策应具备动态适应性：针对气候变化、产业升级和技术进步等因素进行定期修订，确保标准和要求始终与现实需求相匹配。在适当借鉴国际经验与通行规则的同时，需结合本土社会经济与生态条件加以本地化改进，确保政策的有效性与可持续性。总体而言，通过持续优化和完善法律与政策体系，农村点源污染治理将获得稳固且长效的制度保障。

（二）环境监管与执法能力建设

有效监管与严格执法是确保农村点源污染控制策略落到实处的关键环节。现实情境中部分基层环保部门在资金、人员与技术资源有限的条件下难以实现全覆盖、及时性的监督管理。为克服这一局限，需要在制度、队伍与技术三个维度提升环境监管与执法能力。在制度设计上，应明确监管部门之间的权责边界，建立多部门协同机制，防止出现职责交叉或监管盲区。环境执法程序应细化，从巡查频次、处罚流程、数据核查到后续整改跟踪各个环节提供清晰指引，降低执法人员在具体操作中的主观随意性，使监管体系更具稳定性与公信力。

基层环保工作人员应接受定期培训，掌握现代监测仪器的操作方法及数据解析技术，熟悉相关产业废水、废气、固体废物产生与处理工艺原理，从而在发现违法排放问题时可迅速判断其特征与严重程度。鼓励将执法队伍内部的职业晋升与绩效考核与办案质量、监管频率、群众投诉响应速度挂钩，为执法者提供正向激励。引入专业第三方检测与咨询机构，可在信息缺失与技术条件不足的村镇提供外部支持，从而弥补监管薄弱环节。借助物联网、遥感与智能传感器，可在重点排放点位实现实时数据采集与自动报警，减少依赖定期巡查的人力消耗，提高快速响应能力。当高危排放指标达到阈值，系统自动向执法人员发送信息，确保问题在短时间内得到关注与处置。数据共享平台为监管部门、科研机构与公众提供透明的信息沟通途径，公众可通过举报平台提供线索，学术团队可对数据进行分析与模型预测，为监管部门决策提供科学依据。

（三）清洁生产与源头减排策略

在点源污染治理中，从根本上减少污染物产生量与危害性尤为关键。相较于事后处理与末端治理，清洁生产与源头减排更为高效与经济。这一策略强调优化产业链上游环节，通过技术、工艺与原材料选择的革新，降低最终排放浓度与负荷量。在农村情境下，可考虑对小规模加工厂、农产品初加工点及畜禽养殖场推广低能耗、少污染的工艺路线。例如，在畜禽养殖环节改善饲料配方与营养结构，有效减少粪便中氮、磷含量，从而在后续处理环节降低营养负荷。同时，以循环农业理念为指导，将有机副产物通过厌氧消化或微生物发酵等方法转化为沼气、肥料，实现资源闭环与废物再利用。清洁生产导向下的设备升级可借助新型材料与绿色催化剂，以减少传统工艺对化学试剂的过量使用。多功能设备整合可在单一处理单元完成多项预处理操作，从而缩短流程链条。经济激励措施、技术标准制定与行业准入门槛提高，为清洁生产在农村区域的普及提供动力。治理实践中可联合农业技术推广部门、科研机构和企业建立示范点，展示清洁生产工艺的技术优越性与经济回报率，吸引更多主体自愿转换生产模式。

当市场对环保农产品有更高需求时，生产者有意愿在源头环节主动减少污染物生成量。此外，规范的生产记录与可追溯体系可将清洁生产行为转化为产品价值与品牌口碑，有助于打破生产者对传统粗放生产方式的路径依赖。多方共赢格局将逐渐形成：农户从中受益，资源耗损与环境影响同步减轻，消费者则在可持续发展的背景下获得安全、优质的农产品。

二、控制技术

（一）农村污水高效、低成本处理技术

农村污水处理技术的应用条件与城市截然不同。分散式布局、低人口密度、资金与技术人员不足等现实因素决定了适用技术路线须兼顾经济性、简易性与可持续性。传统活性污泥法虽常见于城镇，但在农村可能面临建设与维护成本过高、运行管理复杂的问题。对此，可考虑引入操作简便、能源需求较低的生态处理方案。例如，人工湿地系统借助植物根系与微生物群落协同作用，实现污水中有机物、营养盐类与悬浮颗粒物的有效去除。这类自然基质处理单元在日常管理方面相对宽松，不依赖专业操作人员，可适应农户分散使用与季节性负荷波动。以小型生物滤池、稳定塘、太阳能强化氧化池等技术组合为例，可在乡镇级层面建立多功能模块，根据来水负荷与水质波动灵活调节运行参数。一旦基本处理单元稳定运行，可尝试加入膜过滤、光催化或高级氧化技术，以提高出水水质标准，确保满足灌溉、景观补水或非饮用生活用水等再利用需求。

当设备磨损、滤材堵塞或生物系统平衡遭受扰动，及时更换耗材与调节进水参数可避免处理效率骤降。低成本技术不意味着简单粗放，相反，对微生物膜片生长状态与沉积物积累的动态监测可帮助了解系统健康度，以便预先采取维护措施。通过地方培训与技术指导，使村干部、农户具备基本的运行检查能力与应急方案，减轻对外部技术支援的过度依赖。

（二）固体废物资源化利用与无害化处理技术

农村固体废物成分多元，既包括生活垃圾中的有机残渣、塑料包装，也涵盖畜禽粪便、农林残余物及农业生产工具废弃品。为减少其对环境的负面影响，可以从资源化与无害化两个方向着手。通过堆肥、厌氧发酵与生物处理工艺，将有机垃圾与畜禽粪便转化为高品质有机肥料或沼气等清洁能源，不仅减轻传统露天堆放引发的水体富营养化、气味扰民与病原扩散等问题，还能增强农村内部的物质循环。在固体废物无害化处理领域，可采用多种技术路线。例如，小型高温堆肥系统可在短周期内分解有机残留，抑制病原微生物生长并降低虫卵存活率；对富含重金属的无机废物实施稳定化或固化处理可减少有害元素在土壤和水体中的迁移；将粉煤灰、炉渣或冶金废渣通过物理与化学方法转换为建材原料，在有助于消纳大宗废物的同时提供地方建设所需的材料。借助精密分选与磁选、重选或漂洗工艺，可从混合废物中分离有价值的金属与矿物组分，加快资源回收与再利用步伐。

部分技术引入信息化与智能化元素，自动分选与打包设备降低劳动力消耗与二次污染风险。动态监测与过程控制系统可在堆肥温度、发酵时间与水分含量上实现精细调节，稳定出肥品质并缩短处理周期。作为长期策略，需要完善市场机制与技术服务体系，为资源化产品找到稳定销路，同时通过环保标识与质量标准确保产品在市场上获得认可与广泛信任。

（三）智能监测与信息化管理技术

传统监测手段常依赖人工巡查与离线化验，难以及时掌握农村点源污染状况。在数字时代，将智能监测与信息化管理技术引入农村环境治理对于快速响应与精准决策具有潜在价值。物联网设备通过布设在排放口、渠道与池塘的传感器，实时捕捉水质、气体组分、固体废物堆积量等动态数据。数据经由无线网络传输至云端平台，与历史数据库与数学模型分析工具对接，以识别污染源类型、强度与趋势变化。

　　信息化管理技术将监管人员、科研机构、政策制定者与公众有效连接。共享数据库为决策者提供科学依据，从而根据实时数据调整监管重点与资源配置；利用地理信息系统的可视化工具，可在地图上直观展现各点源污染状况，动态了解受纳环境容量与风险分布，实现精细化差异化管理；智能报警系统在数据异常波动时自动提示监管部门，以便及时开展现场核查与应急治理；智能手段也为基层执行机构降低成本与人力负荷；部分数据可由无人机、自动机器人进行巡检与样品采集，减少重复劳动与险情探测的人身风险。多源数据融合与机器学习算法赋予决策系统更强的预测能力，对潜在环境风险加以提前预警；信息化管理的深入推进不仅在环境监测层面发挥作用，也将促进监管过程的透明化与公信力建设，从而推动公众参与社区共治，实现多方协同的环境治理新格局。

第五章　农村废物污染及治理

第一节　农村废物的来源与分类

农村废物是农业生产、农产品加工、畜禽养殖业和农村居民生活排放的废物的总称。[①]农业废物是农业产业链从资源投入产出环节中，物质与能量转换不完全所导致的损耗与剩余。随着农业经济的持续发展与农作物产量的不断提升，农业废物的总量及种类呈快速增长趋势。尤其是随着农户生活水平的提升，原本可用作燃料和肥料的农业废物利用率逐渐降低，从而使废物日趋积累。

农业废物的本质属于特殊形式的可再生有机资源，有巨大的开发和利用潜力。因此应当采用多层次、多角度合理利用农业废物的方法，进而推动生态农业的发展。

一、农村废物的来源

（一）农村垃圾的来源

农村垃圾的主要来源是农村和城镇居民的生活垃圾。[②]这些垃圾种类简单，污染力不强，具有易处理、易循环等特点。[③]生活垃圾的主要成分是厨余废物（包括剩菜、煤灰、蛋壳、废弃的食品）以及废弃塑料、废纸、碎玻璃碴、碎陶瓷、废弃纤维、废电池以及其他废弃的生活用品等。

---

① 席北斗，魏自民，夏训峰．农村生态环境保护与综合治理 [M]．北京：新时代出版社，2008：137.

② 席北斗，魏自民，夏训峰．农村生态环境保护与综合治理 [M]．北京：新时代出版社，2008：138.

③ 赵莹，程桂石，董长青．垃圾能源化利用与管理 [M]．上海：上海科学技术出版社，2013：180.

（二）废物的来源

1. 第一性生产废物

第一性生产废物的来源主要指向农田和果园等初级生产环境中产生的剩余生产物质。这类废物通常包括粮食作物与经济作物的秸秆、果树修剪下的枝条、田间杂草、凋落叶片以及果实的外壳或果核等。上述物质的形成机制与农业生产本身密切相关，是在光合作用与土壤养分供给的基础上，通过植物的生长与生殖环节逐步积累而成的。机械化耕作以及高强度农业投入导致田间生物量显著上升，但可直接转化为食物及饲料的比例并未同步提高，大量潜在的可用资源以废物的形式残留。过度依赖化学肥料、农药及灌溉设施在推动单位面积产能提升的同时，使农作物成熟后的无用部分相对增多。这些未被人类直接摄入或加工利用的生物量得不到有效回收与转化，进而构成农业系统中的初级废弃流。此类废物来源集中于农作与园艺的空间领域，其形成源于农业生产中能量与物质投入输出的不均衡状态。这一状态使相对于可食用部分的大量副产物被低价值利用或闲置，从而在环境与资源方面形成潜在问题。

2. 第二性生产废物

第二性生产废物的来源涉及畜禽养殖业及相关圈舍环境。这一层面的废物包括畜禽粪便、垫圈材料、饲料残渣及部分与动物生产活动密切关联的副产物。其形成基础可追溯至规模化与集约化畜禽生产方式的兴起。随着养殖技术的现代化与集成化，多种家畜与家禽的繁育速度与数量不断增加，进而导致与之伴生的粪污物质及其衍生物大量产生。此类废物的形成还与饲料类型、养殖密度及气候条件等因素紧密关联。当畜禽数量激增且饲料供应富余或偏向高能量物质时，多余营养无法全部转化为可利用的畜产品，从而以有机排泄物的形式释出。这一来源范畴与人类对畜禽产品需求的不断增长及生产方式的现代化进程密切相关，其本质是动物代谢过程中残余有机组分的积累，以及产业结构变化与区域差异所引发的排放特征多样性。

3. 农副产品加工后的剩余物

农副产品加工后的剩余物来源以农业生产链的延伸段为基础，包括粮食、果蔬、油料作物、糖料作物及林木加工过程中产生的大量副产物与下脚料。这些物质可涵盖农作物秸秆、藤蔓、果壳、饼粕、酒糟、甜菜渣、蔗渣、废糖蜜、食品工业及畜禽加工残余、锯末与木屑等。其形成过程源自初级农产品的深加工、精细化处理及储藏保鲜环节的多重步骤。这些加工行为旨在提升农产品附加值、延长保质期或获得特定功能性成分，但在创造价值的同时也产生了大量未经充分利用的有机与纤维性剩余物。当加工技术路径单一或深度应用有限时，庞大的可再生生物质资源不能完全转换为高效利用的产品形态。此类废物流出环节多集中于农业产业链后端，是人类对动植物原材料实施转化与提升过程中的必然副产物，其属性体现出产业结构、消费偏好以及技术水平对农业资源综合利用率的深刻影响。

二、农村废物的分类

农村废物，主要可以分为生活废物、产业废物和危险废物三类。

（一）生活废物

生活废物在农村环境中涉及日常活动所衍生的多种物质残留及弃置物，其主要类型以有机性与无机性物质为主体，并体现出来源广泛、成分多元与时空分布不均衡的特征。

此类废物的组成通常包括厨余与剩余食材、家庭清洁过程中产生的尘土与纤维、日常消费品包装材料以及与乡村传统生活方式密切相关的农家自留物与低值器物。乡村家庭日常在烹饪与进食过程中产生的厨余与餐饮残渣由于地方饮食结构和季节性供给变化，往往是以蔬菜瓜果皮、食用谷物及豆类残渣、畜禽肉骨及水产碎屑为主的较高有机质，这些物质在高温高湿的乡村环境下易于腐败和分解，故在微生物种群丰富的条件下迅速发生生化、转化。木柴、薪炭、谷壳及秸秆等传统生活燃料燃烧后残留的灰烬、灰渣以及煅烧不完全的碳化物也常被视为生活废物的一部分，其存在体现了农村能源消费结构以及燃料来源的特征。现代化消费品在农村的日益普及则使塑料、玻璃、金属包装、纸板箱以及复合材料逐渐在生活废物中占据一定比例。这些废物的产生与商贸流通渠道的拓展、生活水平提升与消费结构变化密切相关，并呈现出包装复杂化、成分异质化与难降解的时代特征。部分乡村家庭仍保持着自给自足的生产生活模式，使废物中常有农具残片、简易家具木屑、编织篮筐碎片、破损衣物以及低档器皿残余。这些来自传统生活领域的无机或有机材料废物与现代包装垃圾在同一场域中并存，构成混合而多样的生活废物流出矩阵。

（二）产业废物

产业废物在农村区域中指向农业生产、初级加工业、林业与渔业等多元产业活动中因生产、加工、储运及流通环节而产生的各类废物质。其特征体现为与特定产业链环节紧密关联，在数量与种类上受产业结构与产出规模影响较大，并在空间上往往集中于生产基地与初加工场所周边。

农业种植环节所产生的农作物秸秆、谷壳、果蔬残渣、枝条修剪物、藤蔓及落果落叶等属于典型产业废物，其成分多以纤维素、半纤维素和木质素为主，富含潜在再利用价值，但常因缺乏有效处理途径而被闲置或废弃。在畜牧产业中，大型畜禽养殖场与散户养殖区产生的畜禽粪便、垫圈材料及饲料残余物是农村产业废物的重要组成部分，除有机成分外，往往含有微生物、寄生虫卵及潜在抗生素等复杂成分。林业生产中形成的锯末、刨花、废弃树皮、树根以及低质木片在木材加工与粗放利用过程中批量堆积，兼有有机与惰性特征，使其成为产业废物序列中典型的固体生物残余。食品、粮油、果品等初级加工业在对农产品进行去壳、分选、清洗、压榨、发酵与粉碎的过程中也会产生大量下脚料与半成品残余，如甜菜渣、酒糟、蔗渣、废糖蜜、油渣、果核碎片等，这些废物在成分上往往富集可再生有机质与纤维素组分，具有潜在的生化、转化价值。渔业与水产养殖中产生的鱼鳞、鱼骨、贝壳与虾蟹壳等副产物也是农村产业废物的一类特殊存在。

（三）危险废物

危险废物在农村区域内主要指向在农业生产与农村生活中使用和消耗的化学品、药剂、含有潜在毒害或危害人类及生态系统健康的各类物质与材料。此类废物的构成常因农用化学品、兽药与农药制剂、农业机械使用与维护过程中的油料与润滑剂残留以及小规模工业与手工艺生产的化学溶剂、颜料、清洗剂与电池电极材料等多重因素共同决定。农药包装容器、过期与变质的农药残余液、除草剂瓶罐、化肥塑料袋或纸袋、农资仓储中产生的破损容器与散落药粉为典型危险废物。部分经济作物或特色种植园区使用的特定化学试剂，如保鲜剂、防腐剂、熏蒸剂与调节剂，这些物质使用后遗留的瓶罐、盛装容器与耗材抹布或滤纸均可纳入危险废物范畴。在畜禽饲养中涉及的兽用抗生素、激素与消毒剂的空瓶与残余溶液，都会对生态环境与人体健康产生潜在危害。小规模农户自建作坊以及乡村小型手工业者使用的油漆、黏合剂、溶剂、重金属元素添加剂及部分电镀、染色副产物也构成危险废物来源。在农村能源利用与机械化作业中，废弃电池、废旧机油、机具润滑脂及含有重金属成分的电子元件与电气设备残骸成为农村危险废物的另一类重要组分。具有医疗与卫生性质的废物，如小型乡村医疗点产生的废弃注射器、输液袋、试剂瓶及部分被感染组织与敷料，在很大程度上也应纳入农村危险废物范畴。此类废物种类复杂，涉及多环节、多产业与多用途的化学或生物危险源，种类和组成成分反映了农村经济从简单的自给自足到较高程度依赖外部投入转化的过程。

第二节　农村废物处理概述

一、农村废物处理的概念

农村废物处理是指在农村地区对生活、生产活动中所产生的各类废物进行收集、储存、运输、处置和资源化利用的全过程管理与采用技术措施处理的总称。与城市垃圾相比，农村废物具有产生分散、成分复杂、季节性和地域性特征显著、处理基础设施相对薄弱以及农户环保意识和分类意识相对不足等特点。因此，农村废物处理的理念和方式需综合考虑农村经济社会发展水平、环境承载能力、地理与气候条件，以及当地农民的生产生活习惯和乡村治理模式等因素，实行因地制宜的处理和治理策略。

二、农村废物处理的内涵

在对农村废物处理内涵的学术性阐述中，应将其理解为一项跨学科、多维度的综合系统工程，它既涉及环境科学、生态学、资源循环利用工程、社会学、经济学及政策学等多个领域的理论与实践，又在实践层面体现为对乡村生态治理、产业结构和社会文化结构的深度调适。

（一）全流程治理逻辑

农村废物处理并非局限于末端的废物处置环节，而是贯穿"源头减量—分类收集—高效运输—中转优化—末端处置"之全链条的系统工程。在此过程中，须强调对不同类型固体废物的性质识别与科学分流，构建富有弹性、适应性的多级治理架构。通过嵌入式的管理制度设计与优化，形成从生产端到消费端再到排放端的闭环式治理模式，以实现垃圾减量化、无害化和资源化的多重目标。这种全流程的精密设计，有助于提高系统整体的运行效率，减少二次污染风险，并为后续的生态与社会目标的实现奠定基础。

（二）地域适应性与技术路线多元化

农村地区的空间格局、资源禀赋、产业类型和生活方式呈现较强的地域异质性，使单一化、标准化的垃圾处理方案难以适应多元化的农村现实，因而，基于地方性知识和技术储备的因地制宜策略成为核心要求。在技术层面，需要打破传统线性资源利用模式，探索包括堆肥、沼气发酵、农业废物回收再利用、有机垃圾生物处理、简易焚烧及生态处置设施在内的多元化组合路径。通过对本土条件的精确诊断与适配性技术选型，可形成兼顾环境、经济与社会的复合型技术体系。

（三）循环利用与资源化内涵

农村废物处理中蕴含大量可再生、有机质丰富的废物资源，通过先进的生物转换和物理化学处置技术，可将其转化为高价值的有机肥料、清洁能源及农业生产要素，从而构建农业—环境—经济高效耦合的生态经济循环。此种资源化理念不仅能提升农村生态系统的韧性与自我调节能力，而且可以为当地提供可持续产业培育的动能，并在宏观层面促成乡村绿色经济转型与可持续发展路径的实质性确立。

（四）环境健康与生态安全保障

垃圾处理过程中环境与健康安全问题是核心关切。有效的农村废物处理体系可减少农村地区潜在的土壤、水体及大气污染风险，降低有害微生物传播概率，改善人居环境质量与提高公共卫生水平。通过严格执行环境标准、强化过程监管与风险防控，将环境健康安全评价融入垃圾治理全流程，不仅可促进对公共环境卫生目标的全面达成，还可提高居民对本地生态系统的信任度和参与感，进而提升乡村的整体生活品质和经济社会活力。

（五）社会治理创新与主体协同参与

农村废物处理不仅是技术性和生态性议题，更是社会性治理议题，其成效有赖于多元主体的协同共治。通过激励村民、集体经济组织、非政府组织、企业以及政府部门等不同主体参与决策、执行与监督，可构建有机互动的社会生态系统。在此过程中，公共政策、制度安排与村规民约的制定和实施，对培育公众环保意识、引导行为规范和促进社会资本积累发挥关键作用。社会协同创新体系的建立有助于夯实农村废物处理的社会基础与实施保障，实现经济、社会、生态效益的共赢。

三、农村废物处理的原则

（一）"3R"原则

3R 原则（3R rules）即减量化（Reduce）、再利用（Reuse）、再循环（Recycle）三者的简称。①3R 原则是全球生态环境治理与可持续资源管理实践中广为应用的核心框架。该原则的实施，不仅着眼于减少废物在生产与消费链条各环节的出现频率与数量，更强调通过延长产品使用寿命与重构资源闭环流通体系，实现社会—经济—生态系统的长期均衡与良性互动。在农村地区这一特殊的社会与环境场域中，3R 原则的适用

---

① 熊文，时亚飞，汪淑廉.农村地区生活污染防治[M].武汉：长江出版社，2021：125.

性与实践路径具有鲜明特征和深远意义。

1. 减量化（Reduce）原则

减量化旨在从源头抑制废物的产生与流出，这不仅是一种技术性策略，更是深层的环境治理思维转型。传统末端治理模式倾向于在污染扩散、社会成本升高后再行补救，而减量化则将治理重心前移至源头环节，以预防性理念确立全新范式。在农村生活垃圾防治中，减量化体现为对原材料和农产品在产地的精细化管理，如对蔬菜进行就地清理、剔除废叶与残枝，并在生产现场实现直接堆肥还田，从而大幅度削减后期餐厨垃圾数量。同时，通过减少一次性塑料袋、泡沫包装、一次性餐具等快消性物品的使用比例，并倡导替代性可重复利用产品的推广，可在行为层面引导村民形成资源节约、生态友好的日常消费习惯。这种以减少质量和数量双重指标为导向的前端管控，为后续处置环节的减负与整体生态系统风险的下降奠定了坚实基础。

2. 再利用（Reuse）原则

再利用原则关注产品全生命周期管理与功能延拓，以防止物品在尚具潜在使用价值时过早迈入"废物"行列。在农村社会背景中，再利用不仅是对外来"一次性消费文化"的理性抵消，更是对本土质朴节约观念的当代重构。通过对闲置物品、包装材料、农用器具和生活用品的维护、翻新与创意改造，延长产品使用寿命，激活它们多层级、多场景的潜在功能，从而降低资源过度消耗与垃圾快速累积的生态负荷。此举使资源流更加弹性化，既增强了本地居民的环境意识与文化自觉，也在经济与物质层面为乡村振兴提供了低成本、高效率的发展路径。

3. 再循环（Recycle）原则

再循环旨在重构生产与消费的物质闭环，通过将可利用成分从废物流中剥离并重新投入生产过程，减少对原生资源的开采与依赖。再循环可分为原级与次级两种路径：

原级再循环（Primary Recycling）：将回收材料用于制造同类新产品，如废纸再生为纸、废金属罐回炼成新罐，从而直接降低原生资源耗用，提高资源利用的整体效率。这种高层次闭环循环有利于构建可持续的产业结构与供应链体系。

次级再循环（Secondary Recycling）：将废物转化为其他产品的原料，如利用有机废物堆肥或厌氧发酵生产生物肥料与沼气，为本地农业生产提供富含养分的土壤改良剂与可再生能源。这类循环在农村地区的可行性较高，有助于满足本地微观经济体的实际需求，增强生态系统服务功能与农户经济收益。

（二）从"3R"到"4R"的发展

从 3R［减量化（Reduce）、再利用（Reuse）、再循环（Recycle）］到 4R［在 3R 基础上增加能源回收（Recovery）］的演进过程，体现了现代废物管理理念从初步控制污染到深度资源化与能量闭环利用的递进逻辑。这一原则的扩展与实践是全球各国在应对资源紧缺、环境压力以及可持续发展需求的背景下，逐渐形成的系统化治理思路。

在 3R 原则框架下，减量化、再利用和再循坏构成了废物资源管理的核心路径。减量化强调从源头入手，通过精细化生产、合理消费、优化包装、推广耐用产品等方式减少废物的产生量；再利用旨在延长产品寿命，在物品功能尚未完全丧失前，通过修理、翻新、改造、二次使用等手段避免过早进入废物环节；再循环则立足于废物中可二次利用的物质的回收加工，将其返回生产体系，实现原材料的闭合循环。这三个环节形成互补结构，旨在最大限度地降低对自然资源的依赖、减少废物最终处置量，并在物质利用与环境保护之间达到平衡。

随着产业技术与环境治理水平的不断提升，3R 原则在实践中逐渐显现出新的拓展空间。当减量化、再利用以及再循环无法对剩余废物再度进行有效资源化时，能源回收（Recovery）便成为补充与优化整个资源管理体系的关键一环。通过堆肥发酵、厌氧消化、垃圾焚烧等物理化学或生化、转化途径，将废物中仍具有能量潜能的有机成分进行高效转换与利用。堆肥与厌氧发酵可将有机质转化为沼气、生物燃气或固体有机肥，用于农业生产与清洁能源供给；垃圾焚烧可释放热能用于发电、供热，从而将原本闲置或有害的废物转化为有益的能源输出。此举不仅减少了填埋处置的体积负担，同时在经济和环境层面实现了双重收益。

国外先进的废物管理政策往往严格遵守从减量化出发，经由再利用与再循环层层筛选后，针对无法实现物质循环的残余废物，再通过能源回收进行终端利用，最终，仅将确无利用价值且对环境影响难以有效控制的最小残余部分进行卫生填埋，并确保零有机质填埋的目标。这种严格而清晰的排序将资源高效化利用与环境最小化影响有机结合起来：从源头审视产品与包装设计，预防废物产生；从消费与使用端鼓励重复利用，让产品寿命最大化；从回收与处理环节强化物质循环，将有价值成分重新融入工业与农业生产链条；从终端利用角度运用能源回收技术将剩余废物的能量潜能转化为电力或热力；最终将不得不处置的残渣部分以安全、卫生的方式封存。

从 3R 到 4R，这一理念的升级，不仅反映出技术条件与管理手段的进步，更标志着环境治理思想的深化。在 4R 框架下，废物管理不再止步于传统意义上的减损与再用，而是延伸至对潜在能源价值的挖掘和利用。这不仅优化了资源效率、减少了对化石能源的依赖，也促进了温室气体减排与环境综合效益的提升，使整个废物管理流程趋于闭合与高效。

第三节　农村废物处理的模式

一、农村废物处理的传统模式

农村废物处理的传统模式如表 5-1 所示。

表5-1　农村废物处理的传统模式

垃圾处理模式	特点与优点	技术/管理要求	潜在问题与挑战
自然消失	依赖自然环境自净功能，无须成本投入	无须技术与管理	环境污染分散性、滞后性，污染物累积破坏生态系统
焚烧	快速减量，潜在能量回收，可实现资源化	高温、稳定供氧，需科学选址，烟气需严格处理	可能排放污染物，选址对环境影响敏感
堆肥	生态化处理，有机肥生产，增强土壤肥力	合理分类、科学管理，适用于有机含量较高的废物	垃圾分类不彻底，重金属与化学残留污染风险
填埋	最终处理方式，适用性广，技术化程度可调	工程化设计，防渗处理，气体导排及监测	占用土地资源，长期污染风险，难以完全减量
废品回收	具市场经济动力，减少环境压力，促进再生利用	依赖市场交易及分散网络，需政策支持	分拣不彻底，原材料品质不稳定，管理规范欠缺

（一）自然消失

在农村社会生态系统中存在一种被称为"自然消失"的生活垃圾处

理模式,即对日常废物不加干预与监管,将其任意丢弃,并期望依靠自然环境的自净功能实现废物的分解与消融。

这种模式的背后隐含着典型的公共资源供给特征与外部性问题。由于村民在实际消费与生产活动中无须直接承担公共环境资源的维护成本,环境品质就个体而言常被视为"无偿享用"的公共品。在这一情形下,环境承载力与资源自净能力均成为公共供给端的隐性资本,而村民作为理性经济人,在利益最大化逻辑下倾向于减少对环境保护的投入。一方面,在公共决策与制度约束缺失的情境中,环境损耗的隐性成本难以内化至个体行为选择中,公共空间的责任主体界定模糊,资源共享属性使搭便车现象较为普遍;另一方面,随着农业生产与农村消费结构日趋多元化,纸质包装、一次性塑料制品及其他非自然降解物质逐渐进入农村生态循环体系,导致自然环境再生速率难以匹配废物累积的增速。

由于生产与生活行为并未通过有序的制度设计与市场机制将环境外部性转化为内部成本,村民对环境保护的参与及相关激励机制严重不足,这种行为模式形成了一个长久放任与被动依赖的格局。在此背景下,"自然消失"的逻辑实则构建出一个缺乏责任分摊和成本共担的社会—生态互动关系。农户并未获得明确的环保行为激励与社会声誉收益,政府与村集体亦未出台足够的监管、奖惩与教育措施,加之环境污染本身的分散性与滞后性使个体难以感知直接损失。由此,公共环境资源的超限利用在无形中扩大,垃圾暴露于空气、水体与土壤中不断积累并迁移扩散,损害村民健康、削弱土地生产力并削减环境整体福利。自然降解周期及净化能力本身受制于当地生境条件与气候因素,某些污染物质甚至在自然条件下并无有效降解途径。当这一模式持久维系,其负面影响将逐步显现:农村景观破坏、生态多样性减退、人类健康风险提高及区域可持续发展潜能受阻。

（二）焚烧

农村地区废物的成分与性质虽与城市生活垃圾存在一定程度的相似性，但其构成比例及含水量、可燃组分特征以及农业生产关联性物质的混入等的不同，使焚烧处理模式在实践中呈现出独特的技术挑战与潜在优势。

乡村生活水平稳步提高，农村生活垃圾的成分正趋于与城镇废物接轨，其中废塑料等可燃物的比例明显增加，为通过热氧化反应实现高效焚烧创造了条件。焚烧本身属于深度氧化过程，依托高温火焰与充分供氧，通过对废物进行烘干、引燃、持续燃烧，使其转化为固态残余灰渣与气态产物（如二氧化碳、二氧化硫等）。此过程有助于快速而经济地实现垃圾减量与无害化处理，并可在条件适宜时将废物潜在能量进行回收，以满足发电与供热的多重需求。灰渣在一定前提下可作为农用肥料被合理利用，从而在农村生态循环中发挥资源化作用。然而，焚烧的有效性与安全性有赖于严谨的技术与科学管理，包括确保炉膛内部保持稳定且较高的温度场，以实现彻底氧化分解与污染物控制，并通过适宜的空气供给条件及足够的气相停留时间以减少未充分燃烧产物的逸出。焚烧操作对环境敏感度极高，未经严格处理的烟气排放易造成区域大气环境质量下降与局地生态系统胁迫。选址对于该模式具有决定性影响，应在距居民聚落足够远的地点布设焚烧设施，同时尽可能避免周边存在农作物种植区与其他对烟气敏感的生境要素。在实践中，偏远山区常被视为相对理想的场域，以尽量降低对人群健康与农业生产的潜在负面效应。谨慎的技术选择、严密的过程控制、适度的空间规划及后期监管的完善是确保焚烧处理模式在农村社会与环境复合系统中发挥积极功能的关键条件。

（三）堆肥

堆肥模式体现了通过微生物代谢活动将有机质降解转化为富含营养

成分的稳定产物的生态化理念。此类处置途径在原理上可依据氧气供给状态分为好氧与厌氧两类。有机废物在氧气充分的环境中得以快速分解，反应过程伴随较高热量释放与较为有效的有害微生物灭活，最终产出品质较佳的腐殖化物质；而在氧气匮乏条件下进行的厌氧堆肥则会减弱单位质量有机质的降解效率，同时产生恶臭并提高环境负荷，不利于在农村生活空间中长期推广。

堆肥工艺具有技术门槛较低、设备投入相对简单、资源化潜力显著等特征，对于富含厨余、果蔬残余、植物下脚料等高有机组分的农村废物来说尤为适用。合理的堆肥操作可在较短时间内实现废物向有机肥的转化过程，使土壤肥力得以增强，从而减轻对化肥的依赖度并促进农业生态循环。然而，这一模式在实践层面受到垃圾来源不均、分类不彻底、组分复杂化程度逐渐提高等因素影响。农村地区在垃圾前端分类环节缺乏系统性引导与严格执行标准，使易腐与难降解组分混杂进入堆肥体系。此种缺乏预处理与细分管理的现状增加了堆肥工艺的不确定性，不仅在微生物反应条件与参数调控方面有难度，也给最终产品的品质带来严峻挑战。重金属、化学残留物以及难降解有机污染物有可能伴随混合垃圾进入堆肥系统，导致产物品质下降、重金属积累并引发潜在的二次污染风险。处置后的腐殖物质若难以保证安全性与肥效稳定性，将无法在农业生产中具备市场竞争力，并且容易被视为低价值甚至不利于耕地质量提升的废物。

在土地占用与减量化等层面，堆肥模式虽能实现一定程度的资源再生，但并不直接减少物质体积，成品堆肥与原料相比减容有限，仍需消耗一定区域用于堆放与熟化。这种空间代价在人口相对密集和耕地资源紧张的农村地区可能引起潜在矛盾，并制约堆肥处理的广泛实施。此外，堆肥的环境条件控制对于成分不均、含水量与碳氮比不稳的混合垃圾存在适应困难。有机组分比例、含水率、微生物群落结构与通风条件需在动态调整中寻找平衡点，任何环节处理不当均可能导致腐败、恶臭、病原体滋生及资源化率低下等不良后果。

在实践应用方面，欧美部分地区已建立完善的工业化堆肥产业链，使该技术在资源化层面获得相对成熟的经验。然而在中国农村情境下，堆肥处理依旧面临管理体系、技术标准、市场需求和公共意识等多维度障碍。有机组分含量高虽为潜在优势，但混合垃圾中有害成分的滤除难度高，加之产业链尚未完善，导致成品质量与价值不易稳定。

（四）填埋

填埋处理作为废物最终归宿的一种形式体现出明显的区域差异性特征。资源条件相对薄弱的欠发达农村地带常以简易坑穴作为填埋空间，将废物在无严格防渗、拦截与气体导出措施的条件下直接掩埋于自然土层。这类松散化操作意味着地表以下的土壤与地下水生态系统面临潜在污染威胁，尤其是有机污染物降解、重金属离子迁移、病原体扩散与有害气体无序释放等潜在风险。随着时间推移，这种处理方式往往引发土壤理化性质改变、水体质量下降与局域生态系统功能弱化，从而给农田品质和居住环境带来长期负面影响。

在经济与技术条件相对优越的农村地区，填埋场所的构建逐渐趋向科学化与工程化设计。通过甄选天然地质屏障相对完善、渗透系数较低的区域，形成基本的自然防护基础，以此降低地下水系统遭受有机与无机污染物侵袭的可能性。在此基础上，人工衬层作为关键的技术手段被广泛应用，以高密度聚乙烯膜或其他合成衬材构筑低渗透性的隔离界面，将垃圾填埋体与周围环境进行有效区隔。同时，配合导排系统、集气装置以及沼气收集利用工程，使填埋过程从传统粗放式转向相对可控与可监测的环境管理模式。

这种技术密集型的填埋方式本质上是试图通过工程屏障的构建降低环境外部性的溢出强度，并使各类产出物质在受控条件下加速稳定。随着垃圾在填埋过程中生化反应的推进，有机质降解所产出的渗滤液与填埋气体通过导排和净化处理得以最大限度削弱其对生态系统平衡的扰动程度。地理信息系统、地下水数值模型与长期监测网络的建立为填埋选址、运行监管与后期封场管理提供了科学基础，能够在区域尺度上对填埋场进行环境影响评估，以趋利避害。

无论是低端简易挖坑模式还是高标准工程化填埋体系，都难以完全规避土地资源占用的基本问题。填埋终归是一种"容纳式"最终处置途径，不仅牺牲可耕地或其他有价值的土地资源空间，也在实质上体现出路径依赖的特征。当农村经济结构升级与环境意识提高之后，人们逐渐意识到填埋模式虽能暂时缓解废物无序丢弃带来的污染困局，却难以长期为区域可持续发展提供理想支持。进一步强化填埋场地的环境准入标准，加严技术规范要求，完善法律监管，以及探索前端减量、资源化利用和综合治理策略，成为突破填埋模式瓶颈的现实诉求。填埋作为过渡性或补充性手段，在农村废物处理体系中仍具存在价值，但其未来演进方向更倾向于与其他处理方式相结合，形成一体化、闭环化与生态化的整体治理格局。

（五）废品回收

废品回收作为一种建立在市场交易基础上的有偿性处理方式，为处理可再利用废物提供了多层次的价值实现路径。该模式的存在以松散而灵活的经营主体为特征，往往由个体经营户或小规模家庭作坊式回收站构成庞大而分散的网络结构。在区域层面，这些回收主体可通过持续深入农村社区收集散落于农户日常生产生活过程中的可回收物，如废旧金属、塑料制品、纸箱纸板、农具零件以及其他二次利用价值较高的固体材料。在资源流动过程中，农民可基于对废物本身的再生经济价值判断，自主决定在何时、以何种价格将废物转化为具有直接货币回报价值的贸易品。这种模式通过合理的市场激励机制，将原本可能随意丢弃或堆积的农村固体废物纳入有序流通之中，减少环境压力与资源浪费。

废品回收模式的运行逻辑依托卖方的自发性行为与买方的主动性流动。一方面，农户倾向于对具备潜在经济价值的废物加以暂时储存与分类，使其在空间与时间维度上获得资源的初步整合。另一方面，从事回收业务的个体经营者或小型回收站则通过定期巡回或固定收购点的方式，实现对这些零散资源的获取与集中。完成交易后，这些可回收物品随即进入更高层级的再生处理渠道，包括分选、再加工与向上游工业部门输送，最终实现对材料和能源的再度挖掘利用。

在农村区域中，废品回收模式的形成与持续运行不仅反映出经济激励对环境治理所起的微妙作用，还体现了区域社会结构与环境意识间的互动关系。此类模式往往在国家宏观政策、产业链完善度、社会资本积累与村落习俗支持下表现出不同的发育水平。更发达的回收网络可培育新型产业群体与再生利用产业链，拓展农村居民的收入来源，并在一定程度上缓解无序丢弃带来的环境困境。然而，若缺乏完善的监管与技术标准，个体户或小型回收站的处理过程可能存在分拣不彻底、原材料品质不稳定和环境保护意识薄弱等现象，从而对再生循环利用的生态效益造成影响。通过对废品回收体系的优化、制度化和产业化，可在乡村振兴与环境可持续发展的双重诉求下进一步完善农村废物处理生态链条，并提高区域资源循环利用效率。

二、农村废物处理模式的发展

在社会经济条件不断变迁与环境约束日益增强的背景下，农村地区的生活垃圾治理正逐步向更高层次的整体化、精细化和可持续化方向演进。由原本松散无序的处理格局，转而迈向与城镇废物处置体系更为紧密衔接的综合网络。处理模式正以区域统筹与平台整合为基础，配合严格的监督与考核机制，为资源高效配置与运转创造条件。通过在行政架构内确立纵深延展的环卫机构和统一的设施管理体系，使农村废物不再游离于整体环境治理之外。城乡间的技术、资金与人员流动越发频繁，运转路径趋于稳定，处理工序从单纯的简单清理转向有序收集、集中运输和集中处理。

在实践中，原本粗放且混杂的废物流转体系正进行系统化改造。通过更为科学的源头减量与精确分类，将可降解的有机组分加以甄别，为后续的堆肥化利用建立基础途径。各种有机垃圾在适宜的技术条件下实现分解与稳定化，在土地资源紧张的情形下为土壤改良与耕作质量提高提供可能。这种资源化策略并非单点突破，而是依赖社会管理结构与农村生产生活方式的渐进适应，使分类意识在基层深植，使农户以更趋理性的态度对待自家废物的分拣与处置。通过前端分类，末端处理压力有效减缓，减少了无效运转与再处理的消耗。

在更高层面的制度设计下，治理主体结构亦发生改变。市场化逻辑正深入农村环卫与垃圾处理领域，社会资本的进入使专业化团队与企业凭借设备、技术与经验参与其中，形成了从收集到终端处置的整体承包或外包格局。公共部门不再以粗放方式直接操控清扫、转运与处置环节，而更倾向于设定服务标准、质量要求和监管指标。通过契约方式，让社会资本在透明的制度框架与竞争环境中发挥效率提升的作用，借此稳步实现管理的精细化与服务的优质化。专业运营机构在规模化处置中掌握核心技术，为环境改善目标的达成提供技术支撑与可持续动力。

在这一演变过程中，技术路线的动态优化正不断进行。曾经广泛存在的简易填埋场与粗放焚烧点因缺乏有效的防渗、控味和气体处理手段而暴露出环境与健康风险。传统填埋手段对土地占用、地下水安全与土壤品质造成潜在影响，简易焚烧设施则可能释放出未完全燃烧的烟尘与有害气体。技术革新不再只是纸上谈兵，工程措施与升级改造正在各区域进行。更新后的填埋场具有较完善的衬层与渗滤液处理设施，焚烧炉的设计实现了更高的燃烧温度、更彻底的氧化反应以及更高效的尾气净化，使污染物浓度得到严格控制。随着操作规范、建设标准和后期管理方案逐步健全，落后设施逐渐退出舞台。

在人口与经济形态变化的压力下，垃圾处理的方向正在经历更深层次的调整。有机成分在热氧化作用下转化为气体与少量残渣，从而实现体积大幅度缩减和致病因子的有效灭活。与传统填埋相比，这种高温分解模式节约了大量土地资源，并将废物潜能转换为可以利用的热能。资源与能源的多元化利用使环境保护、资源循环与经济利益产生正向联动，治理模式不再只是单纯的环境成本消耗过程，更成为一种潜在的价值创造路径。在一整套成熟而可靠的技术及管理制度下，焚烧处理逐渐取得主导地位，并推动垃圾处理向高效率与高质量的方向迈进。

在这种综合演变趋势中，农村生活垃圾治理不再是单一的末端处理行为，而成为一套凝聚多重目标、整合多重要素的系统性工程。城乡之间的协调与互补、分类与资源化策略的深入贯彻、市场机制与社会资本的积极介入、技术路线的持续升级与优化、焚烧工艺的优先选择与广泛推广，共同构筑了多层面互动的治理新格局。由此，从观念到执行、由机制到技术，农村生活垃圾处理正顺应时代要求，走向更加均衡高效、生态友好、可持续的未来。

三、废物循环利用体系

（一）源头分类与高效收集体系的构建

在农村地区推行废物循环利用体系的首要前提在于从源头开始对各类农村废物进行精细化分类与有序收集。这一过程不仅需要对农村地区常见的有机废物、农业生产废物（如秸秆、畜禽粪便）、生活垃圾以及建筑与拆迁废料等进行科学的分类，更需要建立起区域性、可持续化的分类指引和政策框架。通过在行政村、自然村及合作社等多层面开展分类教育与技术培训，农户在日常生活中即可依照明确的分类标准对不同类型的废物进行分离存放。为此，农村治理主体应鼓励建立统一且易于理解的分类标识体系，并通过巡回宣讲、广播、村务公开栏、互联网平台及微信群组等多元化媒介向村民传递分类的意义与实操方法。同时，地方政府与社会组织应为农户配备简易、耐用且标记清晰的分类容器与堆肥桶，以实现从家庭层面上的分类源头管控。

在此基础上需要构筑高效的废物收集与运输网络。传统的农村废物收集模式往往缺乏明确的时间表、收集路线及信息反馈机制，导致废物堆积、腐败以及二次污染等问题。故而应引入精细化管理理念，根据不同类型废物的产生频率、数量与季节性变动特征，制订灵活的收运计划。例如，可针对易腐有机废物进行高频、短间隔的收集，确保其在短时间内进入后续处理环节；而对于相对稳定的塑料、金属、玻璃瓶罐等无机可回收废物，则可适当延长收集周期，以减少不必要的运输成本。

通过在村庄设置简易的智能称重设备，村民可获得基于分类投放量结算的积分或激励，借此调动其积极性。收集方可借助物联网和地理信息系统技术来优化收集路线，降低运输能耗。数据的实时反馈可使地方管理部门快速掌握分类质量与产废量动态，并据此调整收集频率和分类标准。

（二）区域化资源回收网络与再生利用产业链的拓展

在完善源头分类与高效收集体系后，如何对已分类的废物进行高效的再生利用与产业化开发，将成为农村废物循环利用的关键环节。区域化资源回收网络的建立是实现这一目标的核心策略。传统的农户个体回收方式往往呈现出"小、散、弱"的特点，缺乏规模效应和技术支撑，难以将废物转化为有经济和生态价值的再生产品。为此，通过建立区域性回收合作社、专业化回收企业、农村集体经济组织以及跨村镇、跨区域的回收联盟，可将分散的废物流重新整合成有一定规模的可回收资源体系。在此过程中，政府及相关部门应通过资金补贴、技术支持和政策倾斜措施，鼓励社会资本进入，培育龙头回收企业，形成涵盖废物分类、运输、储存、初步处理与深加工的全产业链集群。

再生利用产业链的拓展需要兼顾资源属性与市场需求。在农村地区，常见的有机废物（如秸秆、畜禽粪便、生活厨余）可通过生物技术手段转化为有机肥料、沼气、饲料添加剂或土壤改良剂，从而实现内部的生态循环，减少对化肥、化石燃料及外部生产资料的依赖。同时，对于农村中存在的塑料包装、农药瓶及其他不可降解废物，可通过聚合分选、机械粉碎、热解、化学回收等新兴技术，将其转化为可再生塑料粒子、建筑材料、能源载体等高附加值产品。在此过程中，技术创新与研发投入至关重要。地方科研院所、高等学校及企业研发中心可与农村基层组织联动，通过建设试验示范基地、产学研合作项目，持续优化回收处理工艺，从而提高资源利用率和再生产品质量。

在市场层面上，应完善废物再生产品的销售渠道和价格形成机制。区域化回收网络可通过与当地农业合作社、农业产业化龙头企业对接，将有机肥等循环产品直接用于本地农田，提高土壤有机质含量与肥力，实现近距离的闭环。对塑料、金属等可再生原料，区域性回收中心可与下游制造企业签订长期供销合同，建立稳定的原材料供应链。在营销层面，不仅需要提升再生产品的质量与标准化程度，还应积极申请相关的绿色环保认证，从而使这些再生产品在市场上获得更高的认可度和议价空间。

通过构建完善的区域化资源回收网络与拓展再生利用产业链，农村废物的价值将得到更充分的体现，实现从"无用之物"向"可用之材"的转化。这一进程不仅可提升农村经济发展水平和农户增收能力，还有助于优化农村生态环境，减少面源污染和资源浪费，为农业可持续发展及乡村绿色振兴提供坚实支撑。

（三）多维度政策支撑与公众参与机制的完善

在农村废物循环利用体系中，政策法规和公众参与是不可或缺的结构性力量。尽管技术手段、产业链构建和分类收集体系的完善能够显著提升废物的回收利用率，但倘若缺乏强有力的制度保障与广泛的社会参与，上述努力将难以达到预期效果。在政策层面，国家与地方政府应出台有针对性的法律法规与规范性文件，为废物分类、回收、处理及再利用提供明确的法律框架和操作指引。这包括对废物的分类标准、回收许可证制度、再生产品质量标准、环境排放和卫生条件的强制性规定，以及对违规行为的惩戒与监管机制。通过建立严格而可执行的规章制度，确保相关主体在废物循环利用过程中权责清晰、行为规范，从而维护农村生态环境与公共利益。

除了明确的制度设计，经济政策工具同样举足轻重。政府可对废物回收利用的企业和合作组织提供财政补贴、税收优惠、贷款贴息以及创新项目基金支持，以降低产业初期运营成本，鼓励更多市场主体投入该领域。此外，应探索碳交易、绿色金融与生态补偿等市场化机制，将废物循环利用的环境收益内化为经济激励，促进区域内废物处理企业间的公平竞争和产业升级。

在公众参与方面，农村社区、农户及利益相关方的广泛支持和主动参与是确保废物循环利用体系长期稳定运行的关键。要实现这一目标，需通过多渠道、多层次的宣传教育与沟通机制来提升农民的环境意识与责任感。学校教育可将废物处理与循环经济理念纳入课程内容；村委会可定期举办主题讲座和培训班；媒体则可通过典型案例报道与专家访谈来普及相关知识。在这一过程中，透明的信息交流至关重要。通过公开废物回收处理的数据信息和经济效益，让广大村民了解自身行为对村庄环境与经济的正向影响，从而获得心理认同与参与动机。

最后，村民可通过村民议事会、公共听证会、网络平台和举报电话，对废物回收利用过程中出现的管理不善、滥用资金或违规排放等问题进行监督与反馈。这样不仅有助于提高治理透明度和行政公信力，也可及时发现问题并作出调整。

第四节　农村废物综合治理体系构建

一、农村废物综合治理体系的治理目标和原则

（一）综合治理体系的治理目标

农村废物综合治理体系的治理目标应在多元价值需求与复杂生态社会背景下进行深度考量。此类治理体系的设定不仅涉及自然资源与环境修复层面的生态意涵，也需兼顾区域经济循环、社会行为规范及文化心理认同等多个维度。在环境层面，治理目标侧重于减少废物对土壤、水体及大气质量的潜在损害，通过协调性技术路径与制度安排实现生态功能的长期维持与系统韧性提升。在经济层面，治理目标强调将废物视为潜在资源，以组织化回收、分类与再生产化为契机，促进要素再生利用与价值链延展，从而优化农村产业结构、提高农户收入与区域经济活力。同时，在社会维度的考量中，治理目标不应局限于单纯的环境保护与资源化利用，还须致力于强化社会凝聚力与公共参与度。通过适当的政策激励与制度创新，引导农村社区成员自发形成良性行为规范，推动新型合作机制与自治体系的形成，实现治理主体间的协调互动。除此之外，治理目标亦需内化文化基础与认知框架，确保废物治理理念逐渐融入本地文化传统与农户生产生活实践，为体系的可持续运行提供社会心理与观念层面的持久支撑。

（二）综合治理体系的构建原则

1. 系统性原则

系统性原则是农村废物综合治理的理论指导，旨在超越单一部门或环节的局部优化，将治理过程延展至更广泛的社会—经济—环境复合系统之中。废物产生、流动与利用并非独立存在，而是与生产方式、消费结构、自然资源禀赋、产业链延伸以及政策法规机制紧密相关。系统性原则强调对这一复杂网络进行整体性考量，不再将废物处理视为末端被动介入的过程，而是在宏观层面将其纳入乡村振兴、生态文明构建以及循环经济发展的总体规划框架中。通过系统分析方法与综合决策模型，对农业生产、畜牧养殖、农村家庭生活、基础设施建设以及公共服务供给等多元环节予以统筹设计，使治理策略得以在时空尺度上实现纵横联动。该原则要求突破片面、短期或单维度的思维定式，不仅关注技术环节与经济成本，更需兼顾环境承载力、乡村社会结构转型以及村民福利改善等多重目标。

2. 区域适配性原则

农村废物综合治理体系的构建中区域适配性原则意在依据特定地域环境与社会条件的差异化特征，制定高度契合本地实际的治理方案。全国各地在自然条件、农业产业结构、人口分布状态以及经济发展水平方面均存在显著差异，这决定了废物类型、产出强度、回收潜力及生态修复难易度的多元特征。区域适配性并非简单地进行一般原则的机械复制，而是通过深入调研与科学评估，充分发掘本地资源禀赋与环境容量，依据产业链的成熟度、技术可及性、市场需求弹性以及农户行为模式差异，制定分区域、分层级的差异化策略。面向优势产业集聚地区，可重点布局有机肥或沼气利用产业链；对于自然条件脆弱的高原或丘陵地带，可更加注重生态修复与土地有机质提升；在经济欠发达区域，可优先引入低成本、可操作性强的本地化处理工艺，并结合社会组织赋能与传统互助机制，以降低参与门槛与治理成本。区域适配性原则有助于实现环境治理的精准化与精细化，使政策制定者能够在多样化的区域格局中灵活回应具体问题，确保治理成果的稳固性与可持续性。

3. 多元参与原则

农村废物综合治理所涉主体多元、利益相关方复杂，仅依靠单一行政部门或特定社会组织的力量难以实现长期、高效的治理成效。多元参与原则强调在制度设计、政策实施、技术应用以及市场对接层面引入多方主体，以形成协同推进的治理格局。此种多元参与不仅包括政府部门、企业实体、学术机构和非政府组织，也涵盖村民合作社、地方基层组织、村庄理事会以及农户家庭等多层次主体。通过在决策议程中纳入社会资本与知识生产者的专业观点，可有效提升政策设计的科学性与可行性；在执行层面引入企业创新和产业联盟的市场动力，可增强资源再利用的产业化能级；通过为农户提供知识培训与经济激励，激发其主动介入，将废物从被动堆弃转变为可循环利用的有用资源。多元参与原则借由多方对话与互动，为利益协调、权责分配与责任落实提供平台，通过民主协商程序和利益平衡机制，使社会共识得以凝聚。此过程中，主要涉及使用数字化平台和信息公开渠道为各参与方提供数据共享和即时反馈渠道，使治理过程在公开、透明与公平的基础上持续运作。

4. 长效激励与约束原则

长效激励与约束原则旨在通过对政策工具、经济手段、技术标准与绩效评估体系的优化设计，使治理的正向效应得到延续，负面行为得到有效抑制。在激励维度，可考虑为参与资源回收与再生利用的主体提供政策倾斜、信贷支持、技术培训与品牌认证，以增强其投入与创新的动力。在市场领域，可以通过碳交易、绿色金融与环境产品认证，为废物资源化利用创造可量化的经济收益，从而提升环境改善的潜在回报率。

在约束维度，通过法治化监管框架以及严格的行政问责制度，对低效或违规处置行为进行及时惩戒；引入绩效考核、环境责任保险以及动态监测评估指标体系，对治理效果进行量化审查与持续改进，确保环境风险不被忽视。此类长效机制需要在结构性制度与日常实践间建立有机衔接，使激励与约束相互补充，通过不断调适与更新实现平稳运行。借助稳定而富有弹性的激励与约束体系，农村废物治理不再是一项短期性、运动式的治理活动，而可成为嵌入乡村社会经济肌理的常态化过程，为实现更高层次的环境质量改善与产业升级夯实基础。

二、组织架构与多层级治理体系的搭建

（一）政府主导与政策导向

废物综合治理在农村场景中往往面临地域分散、投入不足和技术水平相对滞后的多重挑战，政府主导与政策导向对于克服这些结构性障碍具有关键意义。中央政府与地方政府在规划、资金、监管和技术支持等方面的职能分工，需要在顶层设计与基层实践之间保持动态平衡。中央层面可通过宏观政策规划和法律法规的制定，为各地提供统一的指导思想与制度支撑，并在生态文明与乡村振兴战略的统筹部署下明确农村废物治理在国家发展版图中的地位。这一自上而下的体系化设计能够保证治理行动在宏观层面具有方向性、连续性与规范性。地方政府则须依据区域特征与产业结构特点，将中央精神与本地现实相结合，形成具有差异化适配性的行动方案。资金投入与资源配置既要落实中央层面的专项补贴、金融优惠与产业扶持，也要结合地方财政能力与社会资本引入，形成多元化的融资渠道。

监管方面的职能应在法定框架内得到细化落实，通过行政许可、日常巡查与跨区域联合执法等手段，将废物源头分类、运输、处置和资源化利用纳入可量化、可考核的监督体系。技术支持层面，有必要依靠政

府相关部门搭建跨学科、跨机构的技术服务平台，利用科研院所、高校和行业专家的力量，为乡村地区引入适度规模、高性价比的资源化与无害化处理技术，并对从业者开展定期培训与指导。制度保障层面，还需构建奖惩分明的政策导向机制，引入财政补贴、税费减免、技术认证等激励手段，辅以对违法违规行为的惩处与责任追究。通过明确中央与地方在规划、资金、监管、技术领域的职能分工，一方面可形成自上而下的统一性与权威性，另一方面可确保自下而上的灵活性与针对性，从而在整体格局与局部创新之间取得平衡。

（二）地方治理平台建设

农村废物治理往往聚焦于县、乡、村三级的行政与社会治理单元，平台化建设在此过程中起到整合资源、统筹协调与落地执行的中坚作用。县级层面通常作为衔接上级政策与本地执行的枢纽，通过县域层次的统筹规划、资金分配以及监管体系的构建，为跨区域或多乡镇合作提供制度基础。

县域政府在规划编制中注重从产业结构、土地利用和环境容量等方面评估废物总量与流向，以确定适配于本区域的治理重点与技术路线。乡级平台在执行过程中发挥承上启下的作用，需要在县级指引下具体落实分类收集、运输调度、技术培训与示范推广等工作。面对乡镇范围内分布分散、人口结构多元和基础设施薄弱等现实局限，可通过组建乡镇层级的废物治理专职机构或多方参与的联合工作组，推动村庄之间的横向联动与公共设施共建共享。村级层面直接面对农户与基层组织，是分类投放、资源回收和技术普及的末端执行载体，需依靠村委会、村民小组或村级理事会等自治组织协调日常事务。此种多层级平台化管理的关键在于信息流动与决策互动，借助数字化平台或数据管理系统能够实现县、乡、村之间的实时信息共享，并通过绩效考核与督查机制保障执行成效。为了有效凝聚各方力量，有必要在平台内部设置公开透明的议事规则和协作流程，让政策部门、技术专家、社会组织、农户代表在决策与执行的各环节均能充分表达利益诉求并获取及时反馈。基于此，县、乡、村三级平台在功能定位上实现错位互补：县级主导整体规划与要素配置，乡级负责具体统筹执行与跨村联动，村级进行末端实施与农户动员，通过多层级的治理平台建设提升农村废物综合治理的执行力、凝聚力与灵活度。

（三）行业协会与合作组织

在农村废物综合治理进程中，行业协会与合作组织为技术交流、市场拓展和利益分配提供了多维支持，扮演着联通公共部门与市场主体之间的桥梁角色。废物回收利用协会、产业联盟与专业合作社等组织形态，能够集结分散的农户、合作社与中小企业，形成具备规模效应与协同优势的主体群体。

在社会层面，这些组织有助于提升农户与小微企业的议价能力，使之在与大型企业或跨区域废物处理机构的合作谈判中拥有更为对等的话语权。在技术层面，行业协会往往拥有更全面的信息渠道与资源对接平台，可引入先进的回收技术、装备与管理模式，并通过组织化培训、集中采购、统筹销售等方式为成员节约成本、分摊风险。产业联盟则可针对特定领域（如秸秆综合利用、沼气生产、塑料再生等）进行深度资源整合，推进上下游企业间的信息互通与流程优化，实现全产业链的价值提升。专业合作社在农村具有贴近农户、运转灵活的特点，更便于在村庄范围内开展分类收集、再利用知识宣传和日常监督，将产业化回收与村级自治有效衔接。在市场拓展层面，这些组织可积极参与地方政府或国家层面的招投标、产业博览会与行业研讨会，借助集体品牌与联合营销的方式抢占更广阔的市场空间，为再生产品争取更高的认可度与定价能力。利益分配机制也可在内部通过股权分红、收益共享或积分奖励等方式进行调整，以确保成员的积极性与可持续参与。当行业协会与合作组织真正发挥信息整合、技术支撑与协同创新的效能，农村废物治理便有望在组织层面形成综合实力，从而在更大范围内打造环境友好、经济可行的废物综合利用模式。

（四）跨部门协同机制

废物综合治理内涵涉及环境保护、农业生产、工业和信息化、财政税收、交通物流等多个领域，需要跨部门协同机制来突破行政分割与职能重叠带来的治理阻滞。环境部门在废物治理中通常承担监管、评估与执法的主导责任，但单一部门难以在农业技术推广、循环经济产业培育以及资金保障方面形成合力。农业部门对本地的种植结构、畜禽养殖模式以及农业废物流向相对了解，通过与环境部门的合作可为废物分类及资源化利用提供技术建议与种植结构调整方案。工业和信息化部门具备智能制造、再生材料应用与产业升级方面的专业背景，能为塑料回收、秸秆制板以及有机废物发酵等环节提供装备支持与创新动力，并利用物联网、数据采集及大数据分析来构建智慧化治理平台。财政部门在补贴发放、项目评估与绩效考核等环节可牵头制定科学的资金分配方式，并基于治理效果的量化指标开展动态监控与激励约束。交通物流部门或机构在废物收运体系中起着关键作用，通过优化运输路径、提升周转效率与整合仓储资源，能显著降低治理成本并避免二次污染。跨部门协同需要建立有序的信息共享与协调推进机制，可在县市或省级范围内设置联席会议、专项工作组与线上调度平台，定期开展业务对接与问题通报。通过在制度层面明确各部门权责与考核指标，并引入相应的跨部门奖惩机制，能够提高协同效率并避免因推诿或政出多门导致决策延误。这一协同机制不仅优化了资源配置与任务分工，还在更深层次上推动了废物综合治理理念在各相关领域的融合与普及。

三、政策法规与标准规范体系的完善

农村废物综合治理在法律法规与技术标准层面的完善，需要将城乡一体的管理理念贯穿于条例修订、细则制定和执行落地全过程。管理条例若仅聚焦城市固体废物，极易忽视农村地区在地理分散度、产业结构差异和经济基础薄弱等方面的特点，因此需要一体化的法规框架，将乡村与城市置于同等重要的位置。条例条款的设定不仅要满足对分类投放、运输环节和处置环节的基本要求，也应充分考虑农村基础设施不足和农户行为习惯等现实掣肘。若能在条例中明确责任主体、监管程序以及财政与技术保障措施，能够为具体执行部门与社会参与者提供更清晰的行动依据。实施细则的编制既要回应地域间环境与资源禀赋的差异，也需兼顾不同类型废物的特征，通过定量与定性指标的结合完善操作标准，便于在实践中检验并及时修订。

有机肥、再生材料以及能源化利用产品等在农村废物资源化利用领域占据重要位置，不同类型废物经过预处理或深度加工后所获得的产物，需要一套普遍适用且具有区域适应性的质量规范。若相关技术标准与品质指标缺乏统一管理，市场上可能出现劣质产品难以鉴别、终端用户难以追责的现象，也有可能因盲目炒作导致产能过剩和重复建设。就有机肥而言，需要从原料来源、发酵工艺、重金属含量及病原微生物安全等方面设立严格门槛，对再生材料可从纯度、力学性能与耐久度等领域细化标准，能源化利用产品则可通过对能效指标及排放物的管控来确保环保与经济效益。上述标准体系应具备兼容性与动态性，通过与国家或地方标准有效衔接，并根据新技术与新工艺发展适时修订，从而保持与市场需求和环境管控要求的有效契合。

面对回收利用企业和合作组织，不仅需要在税收、贷款利率和补贴方面提供优惠，也可通过技术认定、示范项目扶持等方式持续增强其研发与市场拓展能力。若能结合废物处理量、资源化率等关键指标进行绩

效挂钩式补助，能在一定程度上倒逼企业提升经营效率与环境责任。对于不达标或违规处置行为，适当加大惩罚力度有助于建立起更具威慑力的监管氛围。探索绿色金融与碳减排交易机制，能够让环境效益在市场中实现定价，并通过金融工具和交易平台将减排成果转换为可交易的资产。若与国际碳市场联动，还可为农村废物治理吸引外部投资，为乡村可持续发展开辟更多可能性。完善法律法规、技术标准与经济工具的系统化布局，有助于提高农村废物治理的执行效率，让资源在更大范围内实现循环利用，为乡村振兴与生态文明建设提供坚实的制度保障与可持续发展的动力。

四、基础设施与技术支持体系的健全

村庄地域分散、道路条件有限以及农户对分级回收的认知不足等现实情况，决定了分类与收集设施的适用性应当紧密结合农村实际。若能在村庄及乡镇范围内合理布设分类容器、便捷式收集点和简易封闭式堆肥场等基础设施，将有助于降低废物露天堆积和随意填埋带来的污染风险。多地调研经验指出，小规模沼气池在经济欠发达或人口密度较低的地区仍能发挥去除有害物质、生成可再生能源的作用。将堆肥与沼气等处理设施集中布局于交通相对便利的村镇中心地带，可显著降低后续运输成本与远程收集难度。若农户分散度较大，需要在相对接近农户居住点的位置设置微型处理装置与初加工车间。此类设施不仅能够在第一时间完成废物的初步分选与预处理，也可避免有机物长距离搬运造成的腐败发酵与二次污染。选址环节若融入对周边生态环境、农田分布与人口聚居状况的综合评估，更能确保处理设施与村庄生产生活保持适度空间距离，减少对居民生活质量的干扰与潜在环境隐患。建筑材料及配套设备宜以耐用、易维护、低成本为首要原则，并与当地的气候特征相匹配，兼顾日常维修便利和后续技术升级的可能性。

学界普遍认为，资源化处理技术水平与推广力度直接影响废物治理体系的整体成效。若仅依赖传统堆肥与简易沼气技术，难以满足多种废物同时处理的复杂需求，也无法及时应对区域内产量激增或成分多样化的挑战。整合科研院所、高等院校与企业研发力量，有利于在源头收集和深度加工阶段形成多条技术路线。微生物发酵、高效厌氧发酵、热解气化以及物理化学改性等工艺的研究与应用，为有机物降解、再生材料生产与清洁能源转换提供更多选择空间。不同地区在地理与气候条件方面的差异，也迫切需要通过技术示范与应用试点检验新工艺的适用性。大型科研机构若能针对秸秆、畜禽粪便和农膜等常见废物类型建立分类型数据库，将关键参数与最佳处理模式进行归纳总结，再和地方政府与社会组织合作开展试验性项目，能够快速摸索出符合本地农作物产量、污染程度与市场需求的方案。企业则可凭借产业化与市场运营经验，将实验室成果转化为可量产推广的产品或设备。若地方政府在行政资源与资金支持上提供配合，地方小规模企业与合作组织也能更顺利地引入并熟悉先进技术，使终端产品获得稳定的质量与较高的市场竞争力。

物联网与大数据技术的渗透为农村废物治理提供了更为精细化与动态化的监管手段。智能化监控设备能将分散在村庄、堆肥场、沼气池和回收站点的数据实时传输至管理平台，为后续分析与决策提供数字化支撑。管理者若能基于这些数据制定收运时间表与路线规划，则可缓解传统模式下废物堆积与车辆空驶的现象。对于可回收物与有机物的数量与成分比例，若能通过传感器检测或定点称重系统获取，能在分拣环节更早介入分类决策，从而减少二次分拣的劳动力消耗。在信息管理平台上运用大数据算法与机器学习模型，有助于精准预测废物产生量的季节波动与地理分布，依托预测结果对收运频率、技术设备和人力调度做出前瞻性部署。若将这些信息与村庄基本公共服务数据、农业生产信息相结合，还能为后续的资源再利用提供更全面的依据。通过物联网监测与数据比对，监管部门可以察觉回收企业或处理终端的违规操作与质量问题，及时介入督促整改，并在资金补贴和市场准入方面进行动态调整。

对基础设施投资的收益评估，除了考虑对环境的正向影响与村庄面貌改善，也应关注对农户增收与就业机会的潜在贡献。若能在堆肥场与沼气池周边形成加工车间或产学研合作的技术孵化点，村民可利用当地农林副产品或畜牧废物研发出具有更高附加值的再生制品。此类社会经济效益的叠加效应，会在无形中提升村民对分类投放及资源化利用的自觉性，使新技术与基础设施可以更顺畅地融入日常生产生活。为了让技术在更大范围内被接受并习惯化，教学科研单位可在地方培训机构与中小学课程中渗透循环利用与清洁生产的观念，让年青一代在更早阶段便形成良好的环境价值观念。若要在推广过程中推动多元主体协作，就需要在县、乡、村不同层面形成稳定的沟通桥梁，让科研单位、企业、乡镇政府及农民群体在技术路线选择、项目资金落实与运营模式探索等方面进行紧密互动。数字化监测、分类与收集设施的完善、创新技术的引入，以及生产生活方式的深度融合，将共同构成农村废物综合治理所需的基础设施与技术支持体系，为乡村区域实现更高层次的生态文明与可持续发展奠定扎实的物质基础与智力保障。

五、经济与市场机制的有效运转

农村废物综合治理若仅依靠政府主导和行政管控，很难在更广范围内实现资源的高效利用与持续拓展。经济与市场机制的有效运转，使废物从低价值甚至负价值的环境负担转化为具备流通属性的再生资源。产业链协同与价值链延伸需要在回收、加工与销售各环节建立稳定且紧密的衔接通道。回收环节通常面对农户分散投放、数量与成分多样化等特点，若想实现高质量的原料供给，需要在乡镇或村一级建立集散点，并通过行业协会或合作社进行初步分拣和质检。加工端则承担着将低附加值原料转化为具有特定功能或用途的再生产品的关键作用。针对秸秆类废物，可以将其制成生物质颗粒燃料或人造板材；对于塑料农膜，可通过清洗、粉碎与再生造粒工艺获取可二次利用的塑料粒子；畜禽粪便和厨余垃圾则能经由厌氧发酵或高温好氧堆肥变为有机肥或沼气。销售环节需要从用户需求端出发，针对有机肥、再生建材或清洁能源等细分领域进行差异化定位。有机肥在高端农产品种植或生态农业园区有着稳定需求；再生建材可为城乡接合部或城镇建设降低建材成本并提高资源利用效率；沼气或生物质燃料若与当地农村集中供气系统或企业锅炉改造项目相结合，也能获得稳定销路。产业链越完整，内部协调越紧密，越能在市场波动或政策变动时保持抗风险能力，从而形成可自我造血与持续升级的产业体系。

价格形成机制直接影响再生产品的市场竞争力与可持续发展空间。规模化生产与统一质量标准能够降低单品成本，使再生产品在与原生产品竞争时具备价位优势。市场化交易平台的出现，使废物交易不再局限于线下采购与传统人际网络，而是通过线上平台实现实时定价、跨区域物流与多方议价。质量认证与品牌建设则可以在消费端塑造差异化卖点，让消费者了解再生产品在环保效益和社会效益方面的优势。对于一些高端或者专业用途的再生材料，引入权威机构评定的环保或绿色生产认证，不仅能确保产品质量与安全，也能为生产企业建立更高的信用背书。价格一旦获得更大市场的认可，废物综合治理便拥有更广阔的利润空间，企业与社会组织的积极性也会随之提升。市场规律若能配合一定的政策引导，如补贴、税费减免或贴息贷款，在行业早期能够激发更多主体参与回收与加工环节。出现市场失灵或竞争不充分时，也可由政府部门设置合理门槛与监管机制，避免垄断或恶性竞争的情形。长期来看，具备稳定市场机制与健全价格形成体系的再生产品，能逐步摆脱对财政补贴的过度依赖，转而依靠市场需求与产品品质进行可持续运转。

社会资本若能看到废物资源化过程中的投资回报，可以通过风险投资、股权融资或项目合作的形式进入该领域。金融机构若在项目评估中充分考量环境效益与社会效益，能为企业或合作社提供更优惠的贷款利率与担保条件。绿色金融工具在这个过程中扮演着积极的角色，绿色债券、绿色基金或碳金融产品等能够让资金流向符合低碳减排与环保标准的项目。政府基金则可在早期为基础设施建设、技术研发与示范项目提供启动资金，也可通过后期的政策担保或配套补贴激励民间资本的进入。不同资金主体的组合使用，一方面能分散治理风险，另一方面也能让废物治理项目具备规模化与连续性的特征。只有当经济与市场机制获得充分激发，治理体系的良性循环与资源的可持续利用才会落地生根。

六、公众参与和治理文化建设

农村废物治理并非单纯的技术问题，也不是一个仅靠行政命令或经济激励就能彻底解决的领域。公众参与和治理文化建设，对推动治理模式从外部强制向内在自觉转变意义非凡。环境意识教育与培训面向社会各层级展开，能够在日常生活与生产过程中改变大众对废物的认知与处置习惯。中小学阶段的环境课程与实践活动让年轻群体掌握初步的分类技能与生态知识；村务宣传与社会组织活动将专业术语与治理方案转化为通俗易懂的宣讲材料，让农户能理解废物污染的潜在危害与资源化利用的经济价值。学校、社区与农户之间的联动若能持续深化，不仅能培养较高的环保素养，也能培育具有公共精神与生态责任感的新生代。

利益相关方在废物治理中的沟通与协商，是弥合不同群体间利益冲突与信息差异的重要途径。公众听证会与农户恳谈会提供了面对面讨论与辩论的平台，让政府部门、回收企业、技术专家与村民能在同一个议事空间里交换意见。治理方案若涉及土地征用、村庄搬迁或污水处理厂选址，往往会触及村民对环境与财产权益的关切。设置专门的监督举报渠道，使村民在日常生产生活中发现违规倾倒与不达标处理行为时，可以方便快捷地向相关主管部门或社会组织反映，也为后续的纠偏与执法提供关键依据。这种自下而上的反馈机制提高了治理透明度，使信息沟通不再是单向传递，也避免了政策执行中的盲区与死角。当多方参与者能够对治理目标与利益分配达成共识，对技术工艺、投资方案与收益测算有了更清晰的认识，就可以在后续的执行环节更加配合。

环境共治氛围的形成需要在日常文化与社区价值观层面实现对废物治理理念的内化。共同参与堆肥场管理、共享沼气收益或联合销售再生产品，不仅是经济活动，也是一次社区文化的再塑造。部分地区在收缴生活垃圾处理费或设置农膜回收保证金时，若能充分尊重村民自主性、公开资金去向与绩效数据，环境责任与公共精神会得到更强烈的认同与支持。非政府组织与社会公益团体若在村庄层面协助开展环保培训、资源回收志愿服务或环境评比活动，也能营造积极向上的社会氛围。拥有开放、民主和可持续导向的公共舆论空间，能让村民自觉维护分类投放与资源循环体系，将其视为一种日常生活规范而非额外负担。公共艺术、民俗活动或文创项目若能与废物治理相结合，也会形成具有乡土特色的环境文化传播途径，让参与者在审美体验中加深对生态保护与家园建设的情感联系。

在更大层面上，跨区域的社会网络与新媒体平台能让农村与城市、基层与专家间实现更便捷的互动与知识共享。网络平台上的真实案例分享、公益直播或"网红"带货行为也会影响农户对废物治理的态度与行为方式。当社会舆论普遍形成对绿色发展与资源循环的重视，就能在更广层面上承载农村废物治理所需的文化支持与制度拓展。群众的主人翁意识与自发参与，使农村废物治理模式不再是外力主导的短期活动，而成为乡村生活中的重要组成部分，从根本上提升了治理实践的生命力与持久度。

七、监管与绩效评估机制的完善

农村废物治理在大规模推行的过程中，面临技术、资金和社会认知等多方面的不确定性，监管与绩效评估机制的完善能让相关部门与利益相关方及时掌握项目进展，发现潜在风险并加以纠正。动态监测与数据汇报是贯穿治理全过程的核心环节。村级与乡镇往往处于废物产生与初级处置的前沿，需要具备简明易行的数据采集手段，将回收量、处理量及污染排放指标按时上报至县级以上的管理平台。针对有机废物，若能通过传感器或称重设备记录进入堆肥场或沼气池的原料吨数与来源，可识别村级投放与分类执行的有效程度。塑料农膜、化肥包装袋和金属废物等回收品，需要在储运和初步拆分环节进行计量与分级，以便在后期生产或二次交易中获得准确的供应信息。透明的上报制度为基层工作提供规范操作指南，也为上级监管部门或环保部门在宏观层面掌握全区域数据形势打下基础。信息公开与及时更新提升了治理透明度，防止因数据延误或瞒报所导致的政策误判。

绩效评价与问责的核心是建立科学而可操作的指标体系，为不同部门与主体的工作成效提供客观依据。指标可分为环境指标、经济指标与社会指标三个层面。环境指标包括垃圾减量、废物资源化率、土壤与水体污染物含量变化以及碳排放水平等；经济指标涉及回收企业或合作组织的产值、农户增收情况与地方财政投入产出比；社会指标则关乎村民满意度、技术培训覆盖率与社区凝聚力等维度。评价过程中若能依托第三方机构或学术机构进行独立评估，保证统计与分析的客观性，也能为后续政策调整提供可信赖的专业建议。量化评估结果若与财政补贴、项目资质或行政考核直接关联，则能对不积极履行责任或达不到要求的单位形成有效的警示与倒逼作用。

问责与反馈循环帮助治理体系在动态中不断改进。若在项目执行过程中出现运输车辆违规倾倒或企业偷排废物的情况，监管部门可根据已设定的惩戒规则予以警告、罚款或停业整顿。一旦查明事件原因，需要对监管盲点或制度缺陷进行溯源分析，明确责任方与改进方案。纠正措施落实到位后，应在多渠道进行信息公示和效果评价，让公众了解整治进展与后续安排，以增强政府部门的透明度与公信力。对一些治理环节表现突出或在技术创新方面取得显著效果的主体，能够适度给予荣誉称号、财政奖励或优先申报重大项目的机会，以树立标杆与典型示范。公众也可通过公开听证或网络渠道提出对绩效评估体系或数据指标的质疑与修正建议，在充分讨论后若发现指标设计上的漏洞或执行中的偏差，可进一步完善评价方法或数据收集方式。如此形成的闭环治理模式，为农村垃圾废物治理提供持续优化与自我更新的动力，让生态效益与社会效益得以兼顾，也为今后更高层次的乡村绿色转型奠定坚实基础。

第六章　污水处理与饮用水安全保障

第一节　农村污水的产生与特征

一、农村污水的概念

农村污水指在农村地区生活和生产活动中形成的废水集合，既包含居民日常起居产生的生活污水，也涵盖畜禽养殖、水产养殖及农产品加工过程中的各类生产污水。生活污水通常源自日常用水行为，如厕所冲洗、洗浴、洗衣和厨房烹饪清洗等，往往富含洗涤剂、残余油脂、有机颗粒物和微生物等成分，未经有效收集与处理就直接排放，会在河道或池塘中诱发藻类过度繁殖，导致水体富营养化与生态失衡。另一部分来自畜禽养殖、水产养殖和农业加工等高浓度有机废水，这些水体不仅带有大量悬浮物及氨氮、磷等营养元素，还常含有病原微生物。一旦缺乏妥善处理和设施配套，极易渗入地下或流入周边河湖，进一步污染当地饮用水源并危及人体健康。农业生产方式的多样化使农村污水具有明显的地域差异与季节性特点。分散式养殖户与家庭作坊往往规模较小，却因缺少规范化处理手段而产生累积性污染；集中型养殖场或农产品加工厂排放量虽较为集中，但一旦监管不到位，水体质量恶化速度会更快。农民日常生活方式的变迁也带来新的水污染负荷，如家用清洁剂的广泛使用和厨余垃圾的随意倾倒，使传统自然净化能力难以应对。

二、农村水污染治理的背景

农村地区的水污染问题越发凸显，已成为当前我国环境保护的重点与难点。随着城镇化进程的快速推进以及乡镇企业的蓬勃发展，大量工业废水和生活污水在缺乏配套处理设施的情况下直接排放到自然水体，使我国农村水环境正面临前所未有的压力。诸多乡镇企业通常呈现分散布局、封闭性生产和地缘化经营的特征，不仅在企业选址与环保设施上难以与城市保持同步，也因为数量庞大且分布分散，造成统计和监管方面的盲区。这种先污染后治理的模式，使农村成为许多高污染产业的转移接纳地，各类污染物在河流、湖泊以及地下水中不断累积，逐步削弱甚至破坏了农村传统地表水源地的饮用功能。地表水源被污染使当地居民不得不依赖地下水开采，而地下水污染又在逐步加剧，形成了地表与地下之间相互渗透的复合污染态势。

在工业废水之外，生活污水同样带来严峻挑战。农村人口基数大且居住相对分散，公共排水管网建设普遍滞后或缺失，导致日常生活污水难以得到有效收集与处理。随着农村生活方式的日益城镇化，生活用水需求量逐渐增大，洗涤剂、化学清洁剂等污染物排放随之攀升，大量未经处理的含磷、氮等富营养化物质直接排入河道与水库，水体生态系统受损越发明显。在此背景下，集约化畜禽养殖也成为农村水污染的重要来源，大量粪污倾倒或渗漏进一步加剧了营养物质超标和病原微生物扩散的风险。

众多村庄缺乏经济实力与技术支持，无法建立完善的污水处理系统或垃圾收运体系；区域环境监测与统计也因投入不足而存在数据失真现象。对于农村工业废水排放、生活污水增量与养殖废物倾倒的实际状况，常常仅能通过间接或局部调查来推测。在这种缺乏系统监测与高效治理的状态下，水环境质量持续快速恶化，不仅破坏了农村居民的健康基础，也造成了潜在的"水荒"风险。只有通过科学规划与政策引导，结合技术升级和公众意识提升，才能有效遏制农村水污染的扩散态势，真正夯实农村经济发展和乡村振兴的生态根基。

三、农村水污染的特征

（一）污染源分散且多样，控制和收集面临严峻挑战

农村地区在地理格局和经济活动方式上往往呈现显著的分散性，水污染也因此具备面源与点源相互交织的特点。分散性突出表现在农户居住环境、畜禽养殖场、农作物田地以及小型加工企业等多个方面。在面源污染中，含氮、磷的化肥流失以及农药残留是常见诱因，地表径流在降雨或灌溉过程中会将这些富营养化成分和有毒化学物质带入附近河流、湖泊和池塘。农业水产养殖同样会产生大量含氮、磷和悬浮物的排放物，若水体自净能力不足或水面狭小，过量营养物质极易导致水质迅速下降，出现水体富营养化甚至死水的严重后果。另外，大量分散式的生活污染源进一步加剧了农村水环境的复杂性。农户日常生活中产生的洗涤污水、餐厨废水和人畜粪便等，缺乏集中的管网和处理设施，通常采用直排或简单堆积的方式，长此以往，形成累积性污染。

点源污染在乡镇企业中更为集中，尤其是造纸、制革乃至部分别的小型化工企业，往往工艺落后且缺乏必要的环保设备。此类企业在大城市被淘汰或禁止建立，却因农村用地成本低且监管薄弱而得以扎根。在低门槛的经济驱动下，它们排放量大且成分复杂，除了一般有机污染物外，还可能含有重金属、难降解化合物等。由于生产规模小且分布稀散，政府部门在巡查和检测时难以覆盖所有区域，不少排污口常常隐藏在村镇边缘或私密场地。环保意识薄弱、排放工艺简陋以及检测成本高昂，使监管难度显著增加。大城市倾向于向周边农村转移污染性产业，进一步提高农村水环境的风险。

污染源多样化与分散化同时也意味着在源头控制和收集环节存在明显障碍。缺乏统一的排污管网与末端处理系统，导致污水在产生后便迅速散落在村庄、河岸或田间地头，极难像城市一样通过集中管网收集到

污水处理厂。畜禽粪污由于养殖规模和地点的不确定性，往往就地弃置，雨水淋溶后渗透到土壤或径流入河。农户若自行挖掘简易排放沟渠，也会让污染物在地表扩散时间延长。此类分散式污染缺少明确的排放口与边界，难以通过常规的截流或封堵来实现快速管控。另外，在缺乏经济激励与技术指导的情形下，农民往往更倾向于采用成本最低、操作简便的污物处置方式。垃圾露天堆放、水沟随机倾倒等不当行为增多，累积效应导致当地水体内污染物指标逐年攀升。

这种集"面源＋点源"于一体的多样化污染模式，令农村水环境无法依靠单一的工程措施或行政命令来实现有效治理。农村自然环境脆弱且涵养能力有限，一旦承载量超过临界值，水体在短期内便会面临不可逆的生态损伤。更关键的是，分散性污染源牵涉利益主体多、涉及生产生活各方面，要想实现从源头排放到末端治理的精准控制，除了资金与技术投入之外，还需长效的监管机制与公众环保意识做支撑。唯有通过协同治理与合力管控，才能在更广范围内遏制分散型污染源的无序排放，让农村水环境有机会得到改善与恢复。

（二）技术与经济门槛高，适用性治污方案难以推广

农村地区在水污染治理方式的选择上面临投资与运营成本的双重压力，且环保管理技术与专业人才相对匮乏，难以大规模引入城市常用的先进处理工艺。城市污水处理厂通常配备复杂的生化处理系统、沉淀池、消毒环节等，虽然对各类污染物具有良好的去除效果，却需要较高的基建资金、占地面积和长期维护费用。由于农村地域分散性、人口规模有限且居住密度小，若照搬城市的集中式厂区模式，往往会因管网铺设成本和后续运营费用过高而难以落地。在缺乏足够财政支撑与技术队伍的环境下，高端工艺即便能在短期试点示范，也难以维持正常运转。

农村本土缺少专业水处理技术人员与完善的设备养护制度，进一步加剧了难以应用先进治污技术的困境。一些高负荷或高浓度废水处理工艺，往往对原料成分、水量波动以及温度和 pH 值等运行条件非常敏感，需要实时监控与参数调试。一旦出现进水水质波动或设备故障，及时且专业的检修与配件更换便显得尤为重要。农村区域的设备采购渠道与技术支持网络并不完善，许多农户对生化处理流程、物理化学反应原理一知半解，不具备自行操作和维护的能力。遇到故障时因维修周期过长或经费不足导致系统停运，已建成的处理设施也难以继续发挥作用。

　　资金与效益之间的矛盾也突出体现在低收益与高投入的项目风险上。农村污水处理若仅凭国家补贴或地方财政投资，很难长期维持可持续运转。运营成本包括人员工资、水电费、药剂费和设备折旧等，若缺乏规模经济或合理的付费机制，项目管理者往往难以抵御市场波动和运营风险。与城市污水处理厂可以通过收取污水处理费、使用城市公共财政预算等方式形成稳定资金来源相比，农村地区的付费意愿与支付能力普遍偏低，现有政策补贴力度有限，导致资金缺口长期存在。对于高度分散的面源与小型点源污染，建设单体工程性价比低、技术难度高，政府和社会资本都缺乏投资动力。

　　面对这些障碍，发展适合农村特点的简易、实用技术显得尤为必要。利用生态湿地、稳定塘、人工快渗等措施可以在相对低能耗、低成本的情况下初步去除有机污染物和部分富营养化元素。结合村庄特色与传统农耕方式，也可探索堆肥化、沼气化和氧化塘等方法，将部分有机废水转化为能源或肥料。但这些替代方案同样离不开科学规划与稳定的后期维护，并需要充分考虑本地农民对新技术的接受程度。若能在政策与市场的双向引导下，培育本地化环保产业链，将适用技术与农业生产或乡村旅游相结合，有望减轻高昂运营费用的负担。唯有挖掘更平衡的技术方案，形成长效化与可持续的经济模式，农村水污染治理方能突破高成本、高难度的瓶颈，真正满足农户对良好生活环境的期望。

第二节　农村污水处理技术

一、农村污水处理技术分类

对于农村污水的处理，针对不同地区农村的村落类型、环境条件、经济发展条件、社会条件等，有不同的污水处理技术或模式。以下从污水处理的作用机理和常见的处理模式两方面，详细阐述我国最常见的农村污水处理技术。如表6-1所示。

表6-1　农村污水处理技术

分类类型	分类方式	具体技术	特点／适用场景
处理的作用机理	物理技术	筛滤、沉淀、离心分离、过滤、过筛、紫外消毒	设备结构简单，操作安全，不改变水体的化学特性；适合颗粒较大的污染物预处理
	化学技术	化学氧化（臭氧、次氯酸钠、双氧水等）、混凝沉淀（聚合氯化铝、硫酸铝、铁盐等）、中和技术、电解法	适合高毒性或难降解有机物的去除；需要精确控制试剂投放，可能存在试剂成本和操作复杂度限制
	物理化学技术	气浮、吸附（活性炭、沸石等）、离子交换（离子交换树脂）、膜分离（微滤、超滤、纳滤、反渗透、电渗析）	针对难去除污染物，净化效率高；运行成本高，需精密设备和维护
	生物处理技术	好氧生物处理（活性污泥、生物膜法）、厌氧生物处理（厌氧滤池、上流式厌氧污泥床）、自然生物处理（稳定塘、人工湿地）	能耗低、运行成本较低，适合有机物及营养盐的处理；部分技术需较长时间，占地需求较大

续表

分类类型	分类方式	具体技术	特点/适用场景
技术处理模式	分散处理模式	厌氧单元（厌氧沼气池、厌氧悬浮床）、人工湿地、生态塘、联合小型分散式处理设施	灵活性高，适合地形复杂或村落分散的区域；易受季节和负荷波动影响，需要村民积极参与管理
	集中处理模式	厌氧—好氧联用、生物膜—沉淀—消毒多段配置、大型集中式污水处理厂	规模化管理，处理效果稳定，适合人口密集或经济基础较好的地区；建设投资大，需长期运营维护

（一）从处理的作用机理来分类

1. 物理技术

在农村污水处理体系中，物理技术以机械或能量转换等方式，实现对废水中不溶性悬浮物或颗粒物的分离与去除。该类型技术常见手段包括紫外消毒、筛滤、沉淀、离心分离、过滤与过筛等。紫外消毒借助高能紫外线对病原微生物的 DNA 或 RNA 进行破坏，抑制其繁殖与活性，从而达到杀菌的效果；离心分离主要基于旋转运动，使质量或密度不同的组分在离心力作用下分层并彼此分离；过滤和过筛则依靠滤膜、滤料或孔隙结构拦截废水中的大颗粒杂质与悬浮物。当农村污水中存在较大体积的颗粒（如残渣、砂砾等）或比重较特殊的固体时，这些物理方法可直接将之快速剔除。

物理处理技术通常不改变水体的化学特性，也不会额外引入有害物质，因而在环境与操作安全性方面更具优势。其所需的设备大多结构简单，如简单筛网、沉淀槽或离心式设备等，便于在缺乏大规模管网与集中处理厂的农村区域推广。农村污水水量或水质较为波动时，这些物理手段能够较好地适应流量与含固量的动态变化，不会对处理效率产生极度敏感的影响。对于农户零散分布、污水来源多样化且处理资金不足的场景，这一门槛较低的物理技术在前端预处理或简易末端净化中发挥了不可或缺的作用。

物理技术通常仅能去除悬浮颗粒、胶体或较大体积的污染物，对于溶解态或胶束状态下的有机物、无机盐及微量化学污染物则常常力不从心。紫外消毒虽然能有效灭活微生物，但不一定能去除漂浮油脂、溶解性有毒物或重金属成分。若农村地区污水中的化学需氧量（COD）或生物需氧量（BOD）浓度较高，单纯依赖物理方法便难以实现达标排放。因此，实际应用中通常将物理技术与化学、物理化学或生物处理技术组合使用，形成多级联用的处理工艺，以期在较为简单的投入下获取综合性净化效果。

2. 化学技术

化学技术以特定的化学试剂或反应条件对水中污染物进行氧化还原、沉淀、中和或混凝等处理，旨在改变污染物的化学结构、溶解度或表面特性，从而实现分离、去除与转化。化学氧化可算作这一范畴中最具代表性的方案之一，通过向废水中投入强氧化剂（如臭氧、次氯酸钠、双氧水或其他高级氧化试剂），在氧化还原反应过程中将高毒性或难降解的有机分子断链或部分降解，最终生成毒性较低、分子量更小的中间产物。此类工艺能够在相对较短的停留时间内高效去除难降解有机物，对于小造纸厂或化工类废水也具备一定适用性。但氧化技术往往需要精确投加量与严格控制操作条件，氧化剂若投放过量会引入副产物或造成成本浪费；投放不足则难以达到理想的处理效果。

混凝沉淀在处理含有胶体与悬浮物的污水中具有显著作用，通过向污水中投加带有相反电荷的化学试剂（如聚合氯化铝、硫酸铝或铁盐等），使溶液中的胶体颗粒逐渐失稳并发生絮凝，形成体积较大的絮体沉降下来，从而分离出大量污染物。在农村畜禽养殖或农产品加工废水里，往往存在较多的蛋白质、悬浮固体或脂肪油污等，通过合理选用混凝剂与调节 pH 值可有效降低浊度和悬浮物浓度，为后续生化处理提供更加稳定的进水水质。中和技术则适合处理带有显著酸碱性的污水，以避免极端 pH 对生态环境与下游处理设备的损害。农户自办的小作坊若存在较强的酸性漂洗水或碱性清洗水，也可以通过中和技术在简易沉淀池内实现初步的除害。

与以上方法相比，电解法集氧化、还原与混凝等多种过程于一体，在电能转化为化学能的过程中，对水中溶解性污染物进行直接或间接的化学分解。阳极氧化常被应用于难降解化合物的去除，而阴极还原可抑制有害金属离子或有机卤代物的毒性。电解过程若辅以合理的电极材料（如钛基涂层电极或石墨电极），能显著提高处理效率并减少化学药剂的使用量，也能在不增加大量化学药剂消耗的前提下实现污染物的高效降解或回收。

化学技术的普及度受限于试剂成本、电费支出与操作复杂度。就农村地区而言，大规模使用臭氧氧化或电解法需要稳定的供电保障与定期维护，而一些偏远村庄难以配备专业操作人员，化学药剂管理和残渣处理也可能面临额外投入。另外，化学试剂不当投放或存储时易产生安全风险。若药剂配送不足、未及时更新或滥用，也有可能降低净化效果并留下二次污染隐患。

3. 物理化学技术

物理化学技术充分结合物理与化学原理，在分离、吸附、交换或萃取等环节对水中难以通过单一机制去除的污染物进行强化处理，常见技术包括气浮、吸附、离子交换与膜分离等。气浮法借助微气泡产生系统，使污水中密度接近于水的污染物颗粒附着在气泡表面后上浮至水面，形成可被捞除的泡沫浮渣。这种方法在去除油脂、乳化液及微小悬浮物方面效率突出，常被应用于畜禽养殖与农产品加工废水的预处理环节，能迅速减少悬浮固体与部分含油杂质。吸附法则利用多孔性吸附材料（如活性炭、沸石或活性炭纤维）捕捉溶液中的有机污染物或重金属离子，通过分子间的物理或化学键合作用将目标物质固化于吸附剂表面。该工艺往往能够针对微量有机毒物或色度、气味问题进行深度净化，但吸附材料需定期再生或更换，整体运行成本与后期废物处置也要纳入考量。

离子交换法依托离子交换树脂与水中可溶离子之间的置换反应，对有害金属或无机离子进行选择性去除。这一点在去除砷、铅、镉等重金属时具有较明显的优势，但树脂再生所需的化学试剂和再生液排放处理同样不可忽视。膜分离技术是物化法中相对精细的一种，应用广泛的工艺如微滤、超滤、纳滤与反渗透等，通过选择透过性将溶液中溶解度差异或分子尺寸不同的物质进行截留与分级。常见的电渗析则利用阴、阳离子的电泳迁移特性，实现对盐分或离子的分离。膜工艺在去除细菌、病毒及各类微量有机污染物方面有很高的效率，但系统投资大，膜组件易发生堵塞或污染，后期运行费用与维护管理水平要求较高，在资金短缺的农村环境中并不适合大面积铺开。

物理化学技术拥有较高的处理效率与灵活度，既能针对特定目标污染物进行定向去除，也能满足多污染源叠加时的多重净化需求。但与此同时，技术难度与运营成本往往高于单纯的物理或化学处理方式，需要对水质进行准确地监测与调整才能稳定运行。就农村地区而言，若能在重点区域或特定高污染排放点设置此类物化工艺，再在大范围内辅以生态处理或简易生物处理，有助于实现局部深度净化与整体可持续布局的兼顾，亦可减轻末端治理的负担与维护压力。

4. 生物处理技术

生物处理技术在农村污水治理领域广泛应用，主要基于微生物对有机污染物的分解能力，能够在能耗相对较低的条件下有效去除污水中的氨氮、磷和其他溶解性有机物。技术路径通常可划分为好氧生物处理、厌氧生物处理及自然生物处理三大类。好氧系统需要在反应池或生物膜装置中持续供氧，以满足好氧菌群的生长与繁殖需求，让其降低至中等浓度，使有机物氧化为二氧化碳、水以及细胞代谢产物。活性污泥工艺在城市与工业污水治理中较为成熟，但对于人口相对分散、管网缺乏的大面积农村区域，活性污泥需要投入大量能源进行曝气，后期污泥处置也会增加额外负担。相比之下，生物膜法（如生物滤池或曝气生物滤池）规模更为灵活，可根据村庄人口与水量进行模块化配置，维护管理难度与能耗相对较低。

厌氧处理在高浓度有机废水与畜禽粪污处置方面具有独特优势，依托厌氧菌群的分解作用可实现相当高比例的 COD 去除，且在此过程中生成的沼气可回收用作能源，具备一定的经济收益。常见的厌氧滤池、上流式厌氧污泥床（UASB）和厌氧转盘等反应器形式，其抗冲击能力、启动调试周期与进水浓度范围往往不同，需要根据实际水质与运行条件进行匹配。对于农业养殖大县或气候温暖地区，这类厌氧装置在提供能源替代和环境污染削减方面可发挥"双赢"效应。不过，在气温较低或水力负荷波动明显的情况下，厌氧反应器容易出现微生物活性不足、沼气产量下滑以及污泥膨胀等问题。

自然生物处理法通过利用大面积的土地或水域，让微生物群落与植被在稳定塘、人工湿地或土地渗滤等系统中发挥协同净化功能，能在不需要大规模机械设备的前提下净化有机物与部分营养盐。该方法对农村地区的低密度排放、高生态需求与有限经济投入具有一定适应性。稳定塘与人工湿地在建设费用、运行维护方面更具优势，但占地需求较大与运行周期较长，无法快速应对较大规模或多样化的污染负荷。综合来看，生物处理技术以"低成本、高效果、少二次污染"为核心竞争力，尤其适用于兼顾环保与经济效益的农村场景。

（二）从技术处理模式来分类

1. 分散处理模式

农村污水处理在分散模式下将若干相邻或人口规模相对有限的村庄进行区域划分，并依据地形、人口密度与经济条件为每一区域配置独立或小规模联户的污水处理设施。该模式适应了我国广大农村地区空间布局松散、多点分布的现实情况，既可依托简单易行的处理工艺来满足基础环境需求，也可针对特定地理环境或经济条件较好的区域采用相对复杂的组合工艺。分散处理最核心的理念在于"小而精"与"灵活配置"，由于单一村落人口数量有限，污水排放量相对较低，通过低成本、低能耗并且易于维修的处理单元便可实现较为理想的水质净化效果。

该模式下的处理技术组合多具备微动力或无动力特性，且常利用当地自然条件实现生态化处理。常见的厌氧技术与人工湿地耦合方式便是一种典型的组合工艺。厌氧单元（如 DASB、厌氧沼气池、厌氧悬浮床等）多用于分解高浓度有机物，去除污水中大部分 COD 与 BOD；之后将半处理水导入改进后的人工湿地或生态塘，借由植物根系、微生物菌群与基质的联合作用进一步削减氮、磷等营养盐，并实现水质的稳定达标。该处理工艺整体能耗较低，运行与维护简单，对技术水平要求也相对宽松。因此，在缺乏专业化运营管理与大规模管网的农村环境中，这一组合尤其契合实际需要。

分散处理的另一个关键优势在于占地和布局的灵活性。由于分区规模不大，可根据地形高差或自然排水走向合理布置管网和处理单元，避免大范围的土建工程或长距离管道投资。当地农民在自家宅基地附近或村头公共空地便能进行小型的预处理池或厌氧池建设，后期根据出水量与治理需求再衔接人工湿地或稳水塘，实现污水处理的简易化、就地化与低成本化。多个村庄若距离适宜，也可联合建设一个中等规模的分散式处理站，借助统筹资金分摊机制来减轻村级财政或农民个人负担。分散模式更易引入村民自治或合作组织，在资金投入、工程建设和日常管护中广泛发动村委会、村民代表与社会团体共同参与。由此不但提高了农村污水处理设施的利用率，也增强了农村居民的环保意识。

然而，这种模式同样存在需要平衡之处。分区规模过小会导致多个工艺单元重复建设，运营与维护零散且技术人员不足时易产生管理疏漏；若分区规模过大，则失去分散处理的便捷性，且各村庄污水水量与水质差异会使统一工艺的适用性下降。此外，分散处理虽强调低成本，但人工湿地或厌氧单元的处理效率易受季节、温度与负荷波动影响，若有突发污染或生活习惯改变（如节庆时水量猛增）时，设施的调整和扩容能力相对有限。为了保证长期稳定运行，需要建立完善的监测与维护机制，也须在村民间形成共识：若不注重日常管护及定期清淤、更换或补种湿地植物，工艺性能难以持久保持。总的来看，分散处理模式在我国农村环境中具备推广潜力，并已在实践中积累了丰富的经验，关键在于因地制宜地选择技术组合与合理划定分区规模，通过"以点带面"的方式逐步改善农村水生态环境。

2. 集中处理模式

集中处理模式倾向于在同一区域内通过管网或统一收集系统，将所有分散农户所产生的生活污水集中到一个专门的处理设施或处理厂进行统一净化。该方式继承了城市污水处理的系统思路，在村庄布局较为密集、人口规模相对庞大或经济基础较好的地区颇具可行性。与分散处理所追求的灵活、小型、生态化路径不同，集中模式以规模化、工程化及系统管理为重要特点，往往需要在规划和建设初期进行更为完整的可行性研究与技术评估。

从技术实施层面来看，集中处理模式常会配备成熟、完善的综合工艺，如"厌氧—好氧"联用或"生物膜—沉淀—消毒"多段式配置。对水量及排放浓度波动较大的农村生活污水来说，厌氧单元可预先降解高浓度有机物，减少后续好氧池的负荷；好氧单元或好氧生物滤池则进一步去除氨氮、磷等营养盐并降解残余 COD，最后经沉淀、消毒或污泥浓缩等环节，出水水质可达到地表水Ⅳ类或Ⅴ类标准，有的工艺还能实现更高水平。由于一个集中设施通常服务范围较大，其设备类型或自动化水平也相对完善，能在承接更高负荷的同时保持稳定的净化效果。特别是在经济发达的乡镇或人口数量庞大的"中心村"，这一模式可缓解村庄之间可能出现的重复建设问题，也能为管护人员提供较集中的工作环境，专业度与管理效率因而提升。

由于集中处理模式常需要铺设完整的管道收集系统，建筑主体包含预处理区、生物处理区、污泥处置区和配套的操作控制室等，其建设投资规模与土地需求均较为可观。同时，工程施工需综合考虑地势走向、村镇规划以及未来扩容预留空间，并要确保管网密封性和排水能力，避免污水在输送过程中沿途泄漏或侵入地下水。良好的规划和施工能让后续运营相对省力，但一旦前期管网设计或建设环节敷衍，后期往往容易出现漏管、堵塞等问题，还会额外增加运行和维护成本。集中处理模式在农村落地时，对经济条件提出更高要求：除了初始资金的投入外，日常运行需要电力、药剂和专业人员值守，也需要根据村庄规模配备远程监控和智能化管理系统。若地区经济尚处欠发达阶段，政府和村集体财政难以支撑长期运营，或无法保障设施的维护与升级，集中处理模式便可能陷入"有工程、没运维"的尴尬境地。

在适用范围上，集中处理尤其适合那些已逐步向城镇化过渡、村容村貌有较高提升需求的地域，也可应用于乡镇企业集聚区或农家乐、乡村旅游发展迅速的区域。一方面，此类地区人口密集度更高，管网建设可取得规模效应；另一方面，旅游收入或企业生产收益能够提供稳定的资金来源，为后续运营提供充足保障。此外，对于地处水源保护地或生态敏感区的村镇，集中的末端处理模式有助于加强监管与应急处置，一旦排放异常或进水水质骤变，可及时通过监测与调度措施纠偏，避免对环境造成更大破坏。总体而言，集中处理模式在工程化及系统性管理上具备突出优势，能够稳定、持续地输出较好水质，也能抵抗一定程度的负荷冲击与异质污染。在实践中，分散与集中两种模式可形成互补格局：针对中心村或重点区域采用集中式大处理厂，而对偏远、居住分散的村庄则辅以微动力或无动力的分散式生态技术，二者联动共用，方能发挥出较理想的污水治理成效。

二、农村污水处理的原则

根据我国广大农村地区的土地、植物、地形、道路交通以及住宅布局的具体情况，可以因地制宜地选择农村污水处理技术。其原则主要有以下几方面。

（一）分散处理

分散处理模式在农村污水治理中着眼于村庄内不同来源污水的多阶段分解与分类处置，意在利用相对简单的前端预处理与低成本管网收集，结合因地制宜的核心工艺单元，实现污水的无害化与资源化。预处理阶段通过物理、化学或生物手段剔除悬浮固体、部分有机物与漂浮物，能在单户或小范围内完成，以减轻后续主体工艺的负荷。此环节配套简易化设备或传统方法即可满足大部分农村实际需求，经济压力相对有限。经过初步净化后的污水再通过低压或重力管道集中到指定场所进行核心处置，通过厌氧—好氧组合、生物膜或生态湿地等多元工艺，将污染物有效转化或削减至安全水平。此过程强调适应农村污水水质的波动性，并在一定程度上允许分段扩容和技术迭代，避免一次性大规模建设所带来的投资浪费与超负荷管理风险。

后续达标排放与回用环节体现了分散处理的最终目标：既减少了农村水环境负担，又通过再利用实现对农业灌溉和生态修复的支持。若出水指标符合地方法规要求，可直接用于灌溉或景观补水，达到"变废为宝"的效果；若只达到排放标准，也能在保证不产生二次污染的前提下回归自然水体。分散处理模式借助分阶段、分区域的灵活性，让村级或镇级管理主体可根据经济状况、地理格局与技术储备逐步推进，避免盲目上马高成本集中式设施所带来的运营难题。农户层面的预处理能让农村群众更加直观地意识到生活污水对环境的影响，也为公众参与和村民自治提供了契机。若能辅以完善的运维机制与激励措施，此类分散模式将为农村地区建立起可持续且经济可行的污水治理体系，兼顾水资源保护与乡村生态振兴的长远需求。

（二）源头分离

源头分离技术针对农村家庭日常生活和生产活动中多类型废水的混合排放现象，通过在污水产生点对不同成分、不同性质的废水进行分类收集与分流处理，避免后续治理工艺因水质过度混杂而效率降低或成本上升。家用洗涤废水、餐厨废水、卫生间废水、畜禽粪污等往往含有成分截然不同的污染物；将其在排放之初加以区分，可在较小投入下实现初步减量和污染物削减。一些高浓度、有机负荷过重或带有特定病原微生物的污水，若能从普通生活污水中剥离并实施专门的厌氧处理或高效生化反应，能大幅缩减末端治理的负担。

这一技术理念通常依托实用型的管路布设或容器分置方式将相对易降解的洗涤废水与高浓度黑水分开，引导前者进入简易自然处理单元或生态湿地，令后者进入密闭式厌氧池或沼气池进行更严谨的无害化处置。部分地区还结合资源化思路，将畜禽粪污或厕所粪水进行厌氧发酵产生沼气并获取剩余有机肥料，以此减少化肥使用量并缓解面源污染。农户在实践中若能理解和配合这种分类排放方式，不仅会降低高污染水体随意倾倒的可能，也能通过日常维护使分离管路或预处理设施保持稳定。源头分离技术对于地处经济欠发达、管网建设滞后的地区尤为可行，简易的硬件配置加上适度的技术培训即可满足大部分村庄的生活污水管控需求，同时为后续的集中或分散处理工艺提供相对均质且可控的原水。

（三）经济实用

农村污水处理若要真正产生长久效益，需要在技术选择与项目规划中贯彻经济实用的原则。研究表明，许多贫困或经济欠发达地区的公共预算规模有限，财政投入不足以支撑高昂的工程采购与后续运营，因此合理的污水处理方案应兼顾低成本投入与稳定的处理效能。若当地人口规模与排污总量难以支撑大规模集中式或高能耗工艺，则更需关注易维护、耐负荷波动且资源化程度较高的处理技术。畜禽粪污厌氧池、微动力人工湿地等相对成熟的低能耗模式，不仅在水质净化上表现可观，也能降低村民日常操作与维护的技术门槛。若对处理工艺要求过于尖端，或一味追求自动化与高标准集成设备，不但初始投资超出农村可承受范围，还会在运行和维护阶段积累沉重的财务与管理压力，最终可能因故障频发或缺少专业技术支持而停摆。

区域经济走势与农民支付能力决定了污水处理设施在建成后的生存空间。一些偏远乡村的人口密度不高，若配备过度冗余或大型的处理设施，不仅施工成本高昂，也会造成运转率低下的问题。实践经验显示，当工艺技术能与当地生活、生产体系有机融合时，如将处理单元与沼气利用、农田灌溉结合起来，往往既能缓解环境负荷，又可通过产出副产品来抵消部分运营费用。村级或镇级组织可根据当地自然条件与经济特色进行灵活改造，使处理系统对季节性水量波动具备较强的适应性，避免因负荷骤减或骤增造成长期闲置或设备损坏。合理利用财政补贴、社会资本、农民自筹等多种融资渠道，也能为项目提供持续动力。

（四）操作简单

操作简单的原则在农村污水治理中具有重要意义，主要源于基层经济条件有限与专业人力短缺的现实。若所选工艺过于复杂或依赖高强度运维，往往会因缺乏合格技术人员与专职管理团队而陷入故障，直接导致治理效果下降与资金浪费。简便易行的处理系统通常包括厌氧池、生态塘、人工湿地或微动力生物滤池等，设备构造简单且日常运行关键参数易监测，村民经过短期培训即可掌握主要操作流程。常见的水量波动、管道堵塞或生物滤料老化等问题，也能通过查看池体水位或测听设备运行声音等直观方式作出初步诊断与应急处置。若系统出现重大故障，可在专业技术支持抵达前采取临时性措施，将污染源暂时分流或降低进水负荷，最大程度地保障水环境安全。

此原则还要求各环节配套设计突出可操作性，例如，将核心反应池或进水口标识清晰，在显著位置张贴操作规程，让农户能迅速定位管路走向与阀门状态。维护手册中若能包含常见异常症状与排查方法，便于农户自行检修并记录参数，后续再由专业人员作深度干预。村委会或合作社则可结合乡村实际条件，定期组织村民开展简单检修与运行监督，相比集中依赖外部机构的运维模式更具连贯性与成本优势。只有在操作运行环节保持足够简单易懂、便于复制的特征，农村污水处理设施才能真正成为"用得上、能管好"的基础工程，而不仅停留于形式层面的技术示范。通过这一原则，乡村居民对环境保护与公共卫生的认识将逐步深化，促进污水治理体系与新农村建设的协同推进，最终为改善农村生活水环境奠定坚实基础。

（五）兼顾长远发展

立足当前而兼顾长远，是农村污水处理方案在实践和规划过程中必不可少的思考维度。许多乡村面临的水环境问题不仅局限于眼下的污染风险，也存在潜在的生态破坏和资源浪费。若方案仅为短期达标而牺牲后续可拓展性，污水处理系统便难以持续发挥应有的功能。在新农村建设背景下，这种原则的核心在于让当前的治理技术能有效应对现实排放量与污染特征，同时为后续人口增长、产业升级和资源化利用预留适度弹性。若仅追求快速见效并忽视未来调适需求，便可能在数年后因工艺老化或产能不足而付出二次升级的高昂成本。

立足当前意味着技术工艺须针对现行生活污水与养殖、加工等生产废水完成有效降解与去除，确保出水水质达标、不对周边环境与居民健康构成潜在威胁。操作环节需要在经济条件与人员培训层面与当地实际相吻合，避免盲目采用高昂或复杂度过高的处理设备，使贫困或欠发达地区陷入运营负担。若要兼顾长远，则需在系统规划与关键设备选型时考虑人口规模可能的增长曲线，以及产业转型后排污类型与量级的改变。一些生物处理技术在负荷和温度、季节变化方面有较强适应性，若合理整合厌氧消化、好氧生化、生态处理或物化单元，就能在负荷上升时通过加装或改造模块来满足扩容需求，而在负荷较小的情况下也不会造成过度的能耗浪费。

不少有机废水本身蕴含可观的能量与肥力。若系统留有资源化利用环节，例如，在厌氧处理后回收沼气或利用污泥制成有机肥，便能通过再生利用推动乡村生态循环经济的发展。这种模式不仅满足了当下的环保要求，也在农业种植与清洁能源供给方面创造了新的可能性。若后续人口集中度或产业规模发生变化，只要前期工艺与设施具有可调整空间，便能在保留主体设备的同时进行小范围技术升级，降低重复建设成本。长远布局不仅要关注处理量和效率，也需兼顾社区环境认知的提升，让村民逐步接受并参与到污水回用及环境维护中，使"脏水变废为宝"这一理念深入人心。

三、农村污水处理的技术

（一）厌氧处理技术

厌氧生物技术在农村污水处理领域具有较高的适用性与可行性，原因之一在于该过程利用兼性或专性厌氧微生物对高浓度有机负荷的降解能力，减少外部能耗投入与操作成本。针对乡镇地区常见的分散式排放格局，厌氧系统能在流量和水质波动明显的条件下保持相对稳定的处理效果。若与适度的后续处理单元耦合，这一模式能在削减 COD 和 BOD 浓度的同时去除病原微生物及一部分氮、磷元素。地埋式无动力厌氧工艺（UUAR）基于推流原理，将空心球填料与专门驯化的菌群深度结合，实现水体中溶解态或悬浮态污染物质的高效转化。此类反应器通常采用地下埋设方式，不仅节省占地，还减少了视觉冲击和气味干扰，为在农村居住区周边或景观区域的布设提供了更多可能。

厌氧技术的核心在于微生物代谢路径与水力流态的科学设计。污水进入反应器后在缺氧或微氧环境中，兼性或专性厌氧菌群通过水解、酸化与产甲烷等多阶段过程将复杂大分子有机物逐步降解成小分子化合物及气体产物（如沼气）。这种生化过程可在空心球填料表面和孔隙内稳定发生，悬浮于水中的生物量与附着在填料上的菌群同时提高去除效率。装置内部的折流或管道式推流设计则能强化流体与微生物间的接触，延长有效停留时间，使高浓度污染物得以充分分解。与好氧法相比，厌氧工艺对温度和进水有机负荷的变化相对包容，排放端也无须大量曝气设备，因而能耗和运维成本都相对更低。

国内外经验表明，厌氧系统若缺乏必要的后续处理，会在总氮、总磷以及难降解物质去除方面略显不足。部分地区通过在厌氧出水口设置兼性滤池、好氧滤池或稳定塘，将剩余氨氮和磷进行生物转化或物理化学去除，也有研究者借助人工湿地或其他生态工程获得更完整的指标达标能力。再加上地埋式结构具备的运行无噪声、无臭气以及对景观友好的优点，在不少省市农村污水治理实践中得到了有效的推广。对于经济基础较薄弱或地形复杂的区域，这种无动力设备无须外接电力驱动，仅依赖地势落差即可完成进出水传输，大幅降低了工程造价与日常维护负担。若在反应器内部增设针对病原菌的控制单元，出水卫生指标同样能获得明显改善。

厌氧生物膜技术的持续优化让农村污水"变废为宝"成为可能。部分高浓度有机污水经厌氧反应后能产生一定量的沼气，用于家庭炊事或供暖，减少对常规能源的依赖，为村民带来额外收益。一些农户还将沉渣进行发酵堆肥，进一步提升资源利用效率。在更高层次的系统集成中，也可借鉴现代化反应器工艺，利用合适的气液固分离装置或电子监测手段，建立智能化管理与远程控制平台，实现对进水水量、水质乃至微生物状态的实时诊断。

（二）地下渗滤处理技术

地下渗滤技术针对传统处理工艺所面临的高造价、高能耗与复杂运维需求，提供了经济而简便的替代方案。发达国家多年来在小规模或偏远地区采用此方式，依赖生物降解与物理拦截对污水进行有效净化，近年国内一些科研团队也开始重视并尝试在农村场景中实践。该技术通常需要简单的预处理环节（化粪池与隔油池）以减轻进水中悬浮物和高浓度污染物负荷，使后续的地下过滤介质免于过快堵塞。同时，植物与碎屑表面附着的微生物群落能够在水流缓慢渗透的过程中对有机物、氮、磷以及微量金属元素等进行多途径去除。

核心环节在于植物根系与土—砂层构造之间相互协同：植物能通过光合作用和根系呼吸向周围渗滤空间提供氧气，使硝化—反硝化过程顺利进行，进而有效降低溶解氮的浓度；下渗介质（如砂砾）则利用其空间结构与表面吸附特性将少量颗粒污染物、金属和磷截留，再在微生物和化学沉淀反应的作用下完成降解或稳定化。由于系统整体埋于地下，一方面占地需求相对有限，且地表可覆盖绿植，兼具景观与生态效益；另一方面能避免暴雨冲击等因素导致的表层水位波动或二次污染，也减少了蚊虫滋生带来的公共卫生隐患。

渗滤系统的净化效率在很大程度上取决于停留时间、负荷率、温度及操作管理等要素。进水负荷若远超设计值，或冬季温度过低时，生物降解速率会显著降低，从而影响整体去除率。为保证长期稳定，需要在进水口设置沉砂沟或过滤装置，将颗粒物与可沉降固体拦截在前段；亦需定期对绿地或种植植物进行修剪维护，以保障系统通透性和氧气供应。就农村地区而言，无须大型曝气设备或复杂传感器便可维持此系统的正常运转，能明显降低技术与资金门槛。加之渗滤处理对 BOD、氮、磷、病原微生物及微量金属均具一定去除效能，可在较小占地和相对简单管理的条件下达到满足农村生产、生活需求的水质水平。

若与化粪池及初步隔油处理结合，常见的农村生活污水可经该系统连续渗滤，最终实现对污染负荷的深度削减，并提供可供灌溉或景观用的尾水。对于经济条件受限、缺乏集中式管网和高标准污水处理厂的广大乡村来说，地下渗滤技术既在工程投资和日常运维方面表现出高性价比，也契合生态友好理念。较之常规氧化塘或湿地系统，地下渗滤对季节降水和温度变化的适应力更强，绿植及微生物与土壤介质在地下空间形成多维净化场景，既减少地表被占用，也能确保长期稳定。

（三）稳定塘技术

稳定塘技术借助太阳能辐射、微生物群落和水生动植物的协同作用，在自然或人工构建的浅水塘内实现对有机污染物和部分营养元素的分解与转化。水体在塘内经过相对缓慢的流动，使悬浮固体有充足时间沉降，而微生物会在水—底泥界面和水体内部大量繁殖，通过新陈代谢将溶解性有机物降解为二氧化碳、水及细胞物质。部分原位生成的污泥积聚于塘底，可在厌氧或兼氧环境中被进一步分解。藻类和沉水植物吸收水中的氮、磷元素进行生长，同时释放氧气，为好氧微生物的活动创造条件。恰当的塘深和停留时间能让污染物浓度逐步削减，出塘水质能达较高净化水平。针对农村散户或中小型聚居点，若地价相对低廉且有足够平坦或缓坡用地，稳定塘系统能够以较低投资完成初级乃至二级处理标准，适合在经济欠发达地区推广。

此技术的运行离不开外部环境和管理措施。日照时长与气温水平直接影响藻类和微生物的生长速率，从而决定 COD、BOD 及营养盐去除率。冬季气温过低会减慢生物降解过程，常导致出水水质不如温暖季节。合理的塘深规划和分级串联布置能在光照、溶解氧和泥水接触三者间取得平衡。若含动植物残骸或其他可沉降物质较多，定期清淤有助于避免塘底过度淤积和厌氧区大面积蔓延。多级稳定塘可在前端设置厌氧或兼氧塘，用于处理高浓度有机污染物，后续好氧塘或曝气塘则侧重进一步降解和氨氮去除。若能在部分塘段密集栽种水生植物，可在遮阳降温、吸附富营养元素及稳定底泥方面发挥积极作用，但也需要适度的管理，防止植物过度生长或腐烂沉积对水质造成反向影响。与人工湿地或土地渗滤等生态工艺相比，稳定塘对占地条件和水力停留时间有更高需求，对季节交替也更为敏感。一旦规模或负荷量得到恰当控制，几乎不需要额外的曝气或强制能耗设备，也不要求农民具备深度技术能力，即能以相对低廉的运维成本维持多年稳定运行。许多地区还把稳定塘与乡村旅游、观赏景观相结合，使其在改善环境的同时具备一定的社会效益与教育功能。只要适度克服严寒天气和淤泥处置的难题，稳定塘便能成为经济、生态与操作维度兼具的农村污水处理选择。

（四）人工快渗技术

人工快渗系统由高透水性滤料或人工铺设的砂层构成，进水以慢速或间歇式方式滴灌或渗透，使污染物在下渗过程中经由物理过滤、微生物降解和化学吸附多重作用得以削减。砂砾、碎石、活性炭或其他多孔介质通常被分层铺设在一定厚度和面积的滤床内，预处理后的污水从床体表面均匀洒落，逐层下渗时颗粒物被截留在表层，溶解性有机物通过微生物附着膜被分解，部分氮、磷以及重金属被吸附或转化，处理后出水在床底收集并排至管道或渗透到地下。对于农村分散式家庭或村庄联户，人工快渗工艺在占地相对较少的前提下可实现对 BOD、COD 和悬浮固体的高效去除，氮、磷也能在一定程度上减少。

渗滤介质的选择对出水水质与处理负荷能力有重要影响。粒径合适的渗滤介质能在确保良好透水性的同时维持足够好的过滤效果，并为微生物生长提供稳定的附着场所。适度的有机物积累会在介质表面形成生物膜，这些微生物群落在充足氧气供应下能分解大部分易降解污染物。负荷量若过高，滤床表层可能出现淤堵或厌氧化现象，需通过定期翻耕、更换部分介质或改善进水分配来缓解。间歇式运行能增加滤床的通气能力，让微生物在干湿交替中得到再生和活化。农户或村级管理团队可根据季节和水量峰谷合理调节灌水频率和布水强度，也能在滤床周边种植水生花卉或绿化植物，提升生态与景观价值。相较于稳定塘或潜流湿地，人工快渗系统在温度、降雨量多变时对出水波动更具韧性，但对介质质量与进水控制水平有一定要求。

投入成本重点体现在前期的土工材料及采购滤料，建成后运行费用低廉。运维环节主要是定期监测床面淤塞程度和进出水水质，并在必要时移除床面淤泥或更换局部滤层。农户群体若能掌握基本操作要点，不需要复杂仪表或大型设备即可维持系统正常运转。人工快渗特别适合水量相对稳定、以生活污水为主且无大规模工业废水混排的农村地区，也适合结合厌氧或化粪池预处理强化对有机负荷的削减，使快渗床承受更加稳定的水质。其生态效益体现在促进多种微生物群落生长，也能结合绿色植物改善人居环境，配合雨水收集或地下水补给形成局部循环。部分研究还在快速渗滤技术中嵌入人工增氧或吸附剂改性，以期加强对氮、磷或微量有毒物质的去除。只要选址合理并注意负荷控制与日常维护，人工快渗能在乡村污水治理中提供一条兼具效率、生态与经济平衡的可行路径。

（五）生物转盘技术

生物转盘装置借助一系列部分浸没的圆盘为生物膜生长载体，通过转盘旋转使曝气区与水体相互接触，进而在有限体积内达到高效降解有机物的目的。圆盘的一半浸入污水中，另一半暴露于空气中。转盘缓慢旋转时，生物膜上的微生物在水中吸收溶解性有机物和营养盐，离开水体时又可直接接触空气获得足量氧气。微生物群落借助这种周期性交替的环境持续生长增殖，兼具活性污泥法和生物膜法的优势，既能在较短停留时间内显著削减 BOD 和 COD，又无须配置大型曝气设备。水力负荷或有机负荷随季节和人群活动波动时，转盘速度与圆盘表面积的可调范围能保证较高的适应性。

这种工艺往往以预处理环节作为配套，使进水较少携带大颗粒杂质或泥沙，避免对转盘表面和轴承造成磨损。生物膜过厚或局部厌氧化时可以通过表面自剥落或适度刮除来恢复正常，特别适合农村小型污水处理站。若装置体积设计得当，设备对土地占用面积较小，运行过程也不依赖过多外力，能以电机提供的小功率驱动满足曝气和搅拌需求。操作人员只需关注转盘转速、进水流量以及溶解氧等关键参数，平时查看生物膜颜色、厚度并定期清理积泥即可。转盘填料选用耐腐蚀材料可延长装置寿命，一旦出现故障也比较容易更换或维修。

氮、磷去除效果与生物膜结构以及后续沉淀设施密切相关。在多级生物转盘或与组合生物滤池联用时，硝化与反硝化反应有更多机会实现，氨氮、硝氮浓度得以双向控制。农户投放洗涤剂或含磷清洁用品量较大时，可适度加入化学混凝或吸附单元，以强化总磷去除。若与厌氧单元衔接或作为后段辅助系统，还能在高浓度有机污水处理中构建多级分区，先由厌氧段分解大分子及提高污水可生化性，再由生物转盘进行好氧降解并改善出水感官指标。在农村社区里，转盘系统合理布置后对周边环境影响有限，操作与维护培训也较易开展。资金投入主要集中在设备购置和小型土建方面，长期运行电费相较于鼓风曝气等工艺更低。若转盘与生态湿地或稳定塘形成组合，能同时发挥生物膜高效降解和自然生态修复的协同优势，在不大幅度提高成本的前提下获得更出色的总氮、总磷去除率与生物多样性效益。综合而言，生物转盘技术在小规模污水处理、负荷波动和操作便利等多个层面均具有明显价值，已成为一些国家推广分散式污水治理时的优先考量对象之一。

第三节　农村饮用水的质量提升和管理措施

一、农村饮用水的质量提升

（一）常见污染物及风险评估

1. 地表与地下水源中重金属与无机盐含量的检测

地表与地下水源的重金属与无机盐监测在农村饮用水安全评估中占有重要的地位。偏远乡村常见的小型矿业、化肥使用或工业废水排放行为会向水体输入铅、镉、汞、砷等重金属，并带来硝酸盐、硫酸盐、氟化物及其他无机离子浓度的积累。有些元素在极低浓度下就能对人体器官和神经系统造成隐性损伤，且监测不力易使水源污染持续扩散而未被及时发现。测定重金属通常需采用原子吸收光谱、等离子体发射光谱等高灵敏度仪器，这些仪器也能对痕量元素实现定量检测。采样应覆盖不同水文季节，结合地表径流和地下水位波动来掌握污染迁移规律。无机盐与硬度检测可利用离子色谱或电导率—滴定法，对硝酸根、氯离子或总溶解固体进行分级量化，从而评估居民日常饮用时可能面临的风险。部分地区借助多点位布设和多时段分层采样来区分天然地质背景与人为排放污染源，若某些离子与重金属在浅层地下水中异常升高，很可能意味着工业、畜禽养殖或化肥过量使用已对水源造成直接侵蚀。干旱与丰水期对离子浓度与水化学特征的差异也需持续跟踪，以期在季节转换中识别风险峰值并采取相应对策。数据解读中关注元素间的耦合关联能为后续制定差异化治理方案提供依据。检测策略若结合地理信息系统与空间插值方法，可在村镇尺度上生成动态风险地图，为政府与社区识别热点区域并精准投放净水设施奠定基础。

2. 富营养化产物及微生物病原体监测

富营养化常在河道、池塘、水库等敞开式水体中表现明显，过量氮、磷导致藻类暴发式生长，进一步引发溶解氧耗竭、鱼虾死亡和恶臭现象。而农业灌溉尾水与畜禽粪污排放为富营养化的主要来源之一，有机营养物质若未经过滤或降解便易在水系中累积，对人体造成健康威胁。微生物病原体包括大肠杆菌、肠道病毒、寄生虫卵等，高温季节更易出现大规模繁殖或传播，且部分致病菌对常规氯消毒具有一定耐受能力。检测富营养化产物时可观察水中氮、磷含量与叶绿素 a 浓度，并结合水体透明度、藻型结构判断水华风险；检测微生物病原体则可借助平板计数、分子生物学手段或快速免疫检测方法，不仅量化其数量，也能识别特定菌株或病毒类型。温度、pH 值和溶解氧等理化指标能体现微生物繁殖环境的适宜程度，对于掌握细菌与藻类数量的变动尤其关键。若检测结果在温暖季节频繁超标，应加快排查农户和养殖场的废水排放方式，并在饮用水取水口上游加强物理或生物拦截设施，防止藻毒素或病原体流入。小型净水系统若能配合紫外强化或臭氧消毒以及多级过滤，可在微生物指标上取得更优表现。对于缺乏集中管网的农村区域，常需在高风险时段临时加固河岸湿地或投放生态浮床，以降低外源性氮、磷输入并削弱病原微生物传播的机会。

3. 区域环境污染溯源以及健康风险量化

区域环境污染溯源为饮用水安全管理提供精准靶向，通常通过稳定同位素、元素比值与同源分析等手段在水体中识别特征污染物的潜在来源。若能将地质背景、农业生产、畜禽养殖、矿业活动等多个可能源头的信息进行耦合建模，便可在时空尺度上梳理污染迁移路径。乡村水源受不同程度工业排放侵蚀时，分析重金属及有机化合物的特征谱系有助于定位某些排污企业或非法倾倒点。数据统计若结合空间分辨率与历史排污量记录，可对污染源间的关联性作定量估计。对健康风险的量化往往涉及毒理学与流行病学评估，包括日常饮用剂量推算、患病概率模型构建以及特定群体（如儿童、孕妇）的敏感性分析。多数风险评估会选用毒性当量或参考剂量指数，将检测到的污染物浓度代入评价公式，给出居民摄入后出现慢性疾病或急性中毒的可能性范围。若某些金属（如砷、铅）或挥发性有机污染物（如苯系物）超过基准安全线，需迅速采取应急干预，包括临时改变水源或加装高效滤料等措施。最终评估结果能辅助政策制定部门划定保护区边界，也能指导当地卫生机构进行疾病监测与医疗干预。若能配合村级、乡级及县级多层次数据共享，便于监管部门、科研机构与农民代表在同一信息平台上开展溯源与风险讨论，从而提升饮用水安全保障的科学决策水平。

（二）技术路线和设备优化

1. 消毒与杀菌工艺的升级

消毒与杀菌技术在农村供水安全保障中承担着抑制病原微生物和去除潜在致病因子的关键职能。氯系消毒剂已在集中式自来水厂得到长期实践支持，剂量管理和副产物（如三卤甲烷）的监控对规模化设施来说相对成熟，但在水量波动大、操作人员不足的农村地区，过量投加或监控不足可能会影响水质与人体健康。紫外线（UV）消毒能高效抑制细菌、病毒和寄生虫卵，并避免过多消毒副产物生成，但对水质浊度与透射率较为敏感，若水源预处理不完善或日常维护投入不足，管壁结垢或灯管老化都会导致杀菌效率显著下降。臭氧技术在高端水处理和个别局部农村示范项目中也有应用，氧化能力强可以降解部分有机污染物并提升水的口感，却需要稳定的电力供应与较高的设备造价，难以在偏远地区大面积推广。

次氯酸钠在饮用水微生物控制方面也发挥了积极作用。若能保证适宜的药剂储备和投加计量，并配合余氯在线检测设备，则能够在确保出厂水卫生的同时，将有害副产物浓度控制在安全阈值之内。偏僻山村若条件允许，也可采用自制电解盐消毒装置，用低浓度食盐水进行电解产生混合氧化剂，相对降低药剂运输成本与储存风险。稳定性二氧化氯等新型消毒剂的出现，则让村民在日常使用时更易计量投放，其副产物相对较少，但需要适度掌握投加流程以及氧化副反应的潜在影响。

各类消毒工艺若要在农村稳健实施，需要与前端预处理环节协同，以最大限度减轻混浊水质对杀菌效率的干扰，也要注重对消毒剂泄漏、紫外线辐射安全及臭氧逸散等问题的管控。运维策略若能结合区域人口规模与水量峰谷分布，采用灵活可扩展的模块化设备，可以在不同季节和水源条件下实现稳定的消毒效果。监测人员、经费与维修物资的保障同样不可忽视。

2. 膜分离与吸附材料在小规模供水系统中的应用前景

膜分离和吸附技术在小规模供水场景中不断展现出潜力与价值，关键在于其能够对多种溶解性污染物与病原微生物进行高效拦截。微滤与超滤膜常用于去除大部分悬浮颗粒与病原体，出水浊度与微生物指标明显改善。纳滤与反渗透则可在离子水平上进行过滤，进一步降低无机盐、重金属和有机微污染物浓度，适合受工业排放或地质成分影响较大的区域。膜组件若选用合适的材料和孔径，并合理控制流量与压力，能在保证产水量的前提下获取相对优异的净化水平。偏远村庄的困难点在于膜清洗和更换需要专业支持，若进水水质较差或含油污、胶体物质成分较高，容易在膜表面形成污堵层，导致整体通量下降或膜寿命缩短。

活性炭、沸石与改性生物质材料等吸附剂同样在小型供水系统中发挥不可或缺的作用。活性炭富含发达的孔隙结构，能对有机物与部分异味物质进行较大程度去除，但吸附饱和后需高温或药剂再生，否则吸附能力急剧下降。沸石对铵态氮和金属离子具备优势，通常结合离子交换过程一并去除特定离子污染；改性黏土或生物质材料则借助表面功能团的修饰提高了对重金属和染料等有机物的捕捉能力。小规模供水设施若能根据当地水质特征选用针对性吸附介质，并以简易过滤柱或组合反应器形式嵌入供水管道，就能在不显著增加能耗的情况下取得较为全面的净化效果。

整体应用前景取决于设备成本、维护水平和终端用户的支付意愿。膜分离普遍涉及膜组件采购与周期性清洗药剂消耗，加之电力需求和水泵设备投资，使经济欠发达地区在大范围部署时往往处于资金紧张的状态。吸附介质虽具有可循环再生的优点，但若缺少技术人员或再生设施，也可能造成耗材浪费。复合工艺组合可能是一条务实路径，它将粗滤、生物或化学预处理段与小型膜或吸附单元嫁接，确保高效去除关键污染物的同时减少对后端设备的负荷冲击。采样监测与智能化监控能帮助运营方及时判断膜或吸附柱的运行状态，避免突发性水质恶化而影响饮用安全。若能与环保、农业部门的示范推广项目合作，以试点形式深入乡镇开展技术培训和管理指导，膜与吸附技术在农村供水安全上的应用前景将得到进一步彰显。

3.多种过滤机制的结合与定向改良

多机制组合往往在小型供水工程中展现出更佳的适用性，对混浊度、异味及多种潜在有害物质进行分段化去除有显著效果。常见的砂滤、活性炭滤柱与离子交换单元在空间上相互衔接，让不同性质的污染物能够在最恰当的工艺环节中被高效处理。砂滤床对悬浮固体与大颗粒物具备优异的初级拦截能力，后续活性炭滤柱可以聚焦复杂有机物及异味分子的去除，离子交换或特定吸附填料则发挥针对性去除金属离子或氟化物的作用。定向改良涉及在滤料中添加改性剂或将纳米材料掺杂到聚合物载体上，以增强表面反应活性或扩大孔径分布，使处理效率在传统滤料基础上再上一层楼。

组合式过滤对水源波动与季节性变化有更强的适应力，原因在于每个单元主要负责其特定的功能区，进水水质略微波动时并不会全面冲击整套系统。操作人员只需定期检查滤料饱和度并进行简单反冲洗或更换便能维持高水平净化。某些改良型过滤介质还能原位进行部分化学反应，比如含有氧化铁颗粒的填料对砷、磷具有很强的亲和性，结合离子交换机制时可更稳固地将其捕捉。定向改良也可能包括微生物固定化技术，使滤床在较小空间内兼具物理、化学和生物三重去除功能。不过，高度集成的复合滤层需要初期较完善的工程设计和测试，以避免滤料耦合作用出现不良兼容性或者更换周期冲突。

农村环境中点源与面源污染错综复杂，若单一过滤单元在遇到超标重金属或优氧化水质时效率骤降，很可能令后续程序进退两难。多种机制结合在冲击负荷时仍能有一部分单元保持相对稳定的净化速率，从而降低整体失效风险。村民与技术服务单位若能统一制定操作规程和维护计划，就能够让设施在村庄规模的小环境下持续运转，保证出水质量满足饮用或生活用水标准。大规模部署需考虑经济成本与维护培训等要素，在具备一定公共财政支撑或社会资本投入的条件下，此类多层级过滤系统能逐步成为偏远农村安全供水的重要保障途径，亦能够与沉淀、消毒或膜分离工艺协同组合，实现更完备的水质净化效果。

（三）经济性与适用性分析

1. 人口规模与水质目标的统筹匹配

人口规模直接影响着一套水处理系统的建造与运行效益。农村地区人口分布具有零散或呈聚落式集中的特征，不同村镇间人口密度与经济发展差异显著。若人口规模过小，采用城市常见的高能耗或多级深度净化工艺无异于增加财政负担，一旦缺乏持续运营资金，项目很可能成为"晒太阳工程"。规模过大的集中式处理系统则需投入庞大的管网建设与专业运维团队，实际推行时亦可能遇到财政拨付与后期管理难题。有鉴于此，技术决策者与社区代表往往需综合考虑饮用水水质达标目标与各地人口分布形态，结合统一的环境标准与灵活的经济评估模型，为不同规模的村庄或组团式农村社区量身打造处理工艺。部分高标准饮用水目标如Ⅲ类或更优水质，对重金属、总氮、总磷及微生物均有严格限制，需要在净化流程中增加高级氧化或强化吸附环节，否则难以确保安全余量。在极少数人口密集、经济较好的"中心村"与旅游景区，采用城市化技术路线有可行性基础；而大多数普通或经济欠发达村落需靠低投入、中等净化效率的工艺先将水质控制在合格区间，然后根据后续经济发展或规模扩张进行渐进式升级。

统筹匹配过程中还需顾及水源特征与健康风险判定，如偏碱性或含氟地下水会强调去离子或离子交换单元，地表水污染物来源广泛且季节变动较大则需要多元过滤与灭菌方案的配合。水质感官指标与硬度也应纳入决策框架，若某些地区居民对口感与硬度要求较高，则传统的生物滤池或简单化学处理难以满足，需要阶段性引入吸附或膜分离设施。适度的水价或服务费征收能够维系每日运行的化学药剂、电费和零配件更换支出，但经济薄弱村落的人口规模过小，不足以形成规模收费。通过将人口规模、目标水质与经济承受力并列考量，才能使农村饮用水项目在科学维度与社会实际取得兼容，让有限资源在更优路径上发挥最大化的收益。

2. 当地财政投入与运营成本的平衡策略

当地财政对农村供水工程的建设与运维经费支持常扮演"造血"角

色，但若仅靠一次性拨款而缺乏持续性经费安排，后续设备检修和药剂采购难以保障。平衡策略的关键在于多元资金组合，一方面可动员省市两级政府或专项基金，另一方面需引入社会资本、公益组织甚至农民自筹，确保在基础建设阶段获得足够资金。农村饮用水工程与城市供水相比，收费难度与效益产出明显不足，在决策层面就需提前评估长周期的收支状况。若处理工艺复杂且能耗过高，运营维护将成为常年沉重负担，会让工程实际使用率打折扣。

减轻运营成本可从技术与管理两方面入手：在技术环节，应当引进低能耗、少药剂消耗的工艺，或在高浓度、有毒指标不突出的水源中采用简洁流程。管理方面则要尽量减少人员编制，以半自动或远程监控系统替代密集的人工巡检。定期对出厂水和管网末梢进行检测，配合简明的水费结算模式，可在保证运营资金周转的同时不超出农户实际承受力。乡镇政府或村集体若能在财务与技术层面与第三方公司签订托管合同或采用 PPP 模式，就能借助专业化团队来降低故障率与水处理能耗，从而缓解地方财政的年复一年的投入。农村水厂若纳入全域环境综合治理项目，还能争取生态补偿或绿色金融政策的倾斜，为后续设备更新与重大维修提供长期资金预留。采用合理的资金平衡机制与科学的运营监管体系，能让农民看得到实惠与安全，也能避免乡镇在环保与民生议题之间陷入两难，进而实现农村饮用水工程的可持续性发展。

3. 低成本小型设备的研发与推广

大部分偏远农村人口并不具备城市水平的管网覆盖与集中运营条件，农村水处理设备在研发阶段就需充分考虑水源多样性与资金压力。小型化与模块化成为重要思路，能在施工与操作环节表现出友好性。若设备能整合沉淀、过滤、消毒等基础功能在一个紧凑外壳中，无须大型土建就能完成初步水质净化，将显著提高落地效率。为抵御水质波动，在设备内部可适度采取分级过滤或物理化学耦合方式，以保证出水水质的相对稳定性。研发部门也需注重耐久度与材料适应性，因农村地区往往缺乏温控与恒温厂房，设备可能暴露于寒冷或炎热环境中，选材与构造必须具备相应抗性。

推广层面涉及标准化与示范点布局：若小型设备在各省市具备统一的生产与检验标准，能缩短验收流程，并让后期更换备件更加便利。与此相关的示范站可在典型地区由技术团队或科研院所与当地村委会合作建立，收集运行数据并公开运维信息，让农户与政府了解其经济性与去除效率。自主创新设备若要大规模应用，还需配套政策支持与社会宣传，降低农户的心理门槛与学习难度。一些远程监控或智能管理功能通过简化操作环节，也能提升设备在弱技术背景下的可接受度。政府或金融机构若推出针对小型水处理设备的补贴、贴息贷款、租赁服务等金融工具，可以使更多农户或村级集体愿意尝试这类装置。

（四）资源循环与可持续发展

1. 饮用水净化后副产物再利用

饮用水净化过程通常通过沉淀、絮凝、过滤、吸附或膜分离等多重环节去除颗粒物、有机污染物及病原微生物，并在此过程中伴随泥渣、滤料残渣或浓缩液等副产物的生成。若将这些残余物简单丢弃，不仅会造成资源浪费，也可能在堆放过程中产生二次污染或占用土地。合理规划对副产物的再利用有助于实现处理过程的闭环管理与综合效益提升。含有机物或无机营养元素的污泥或沉渣若经过厌氧消化或好氧堆肥，可在一定程度上转化为较为稳定的肥料或土壤改良剂，为农业生产提供缓释养分，减少化肥使用量并缓解面源污染。部分高浓度有机泥渣中若能富集一定的碳源，经适当处理后还可作为生物质能源的潜在原料，为分散式乡村发电或取暖提供额外收益。含重金属或其他毒性的处理残渣在进行固化稳定化处理后，可制成建材添加剂或道路垫层材料，通过减少毒性元素的溶出率降低对环境的潜在威胁。再生利用的可行性还取决于严格的毒理学测试与环境风险评估，以确保泥渣或滤料在后续应用中不会造成金属或病原体的二次扩散。

部分工艺中的化学药剂副产物或浓缩液也具有再回收价值。反渗透或纳滤浓缩液往往富集盐分或特定离子，若能在工艺端以离子交换或蒸发结晶方式进一步提取，可收集具备工业价值的盐类或金属。对于混凝沉淀后的铝矾土或铁盐残渣，如果在合适温度与还原性环境中进行煅烧或改性，也存在在水处理或其他工业过程中二次利用的潜力。不过，需要考虑工艺实施成本和监管难度，避免因能耗和化学试剂消耗过高而抵消环保收益。农村规模下的水厂或小型净水站可探索与周边农业、林业或乡镇企业协作，将副产物间接转化为经济产出或工艺辅料，通过签订协议与定期检测机制确保应用安全与市场稳定。

此类循环利用方式需要科技、管理与政策的配合，为副产物的检测、再加工和流通制定标准化流程。若能对主要成分、污染物浓度以及环境影响路径实现精准掌握，将具备更大的推广可能。对农户与使用单位进行风险沟通与科普培训也是必要的，使其了解再生产品的特性与使用要求，从而在实践中持续跟踪成效并改进操作方法。

2. 水源与生态系统的长效保护策略

农村饮用水安全不仅依赖水厂或处理设施的运行，更与水源地的生态完整性和区域自然环境的平衡状况密切相关。若上游森林、湿地或河道生态遭受过度开发或污染排放，水质恶化的趋势会蔓延至下游取水口，给净水工程增添额外负担。长期保护需从流域和区域角度设立严格的水源地保护区，以实施限建、限排及生态修复措施，避免在核心区新建高污染产业，并对水质敏感区域推行更加细致的环保管理。当地政府若能协调农业、林业部门，对周边农田合理布局防护林带或生态缓冲区，可减缓面源污染引起的富营养化问题，也能减少土壤侵蚀和携带泥沙的地表径流。人工湿地或自然湿地恢复在保障水源水质中起到生物拦截与自然净化的作用，利用挺水植物与微生物协同削减氮、磷和有毒物质的浓度。

监管方式不应只停留在行政命令层面，还应通过经济激励和社会参与，引导社区自觉维护水源地生态。设置生态补偿机制，向因保护生态而放弃某些经济机会的农户或社区进行资金或技术补偿，让水源保护者得到合理收益。鼓励农民使用有机肥或低毒低残留农药，也能在根本上降低氮、磷与农药残留对水体的冲击。环境执法与跨区域联合监管能让违规排放或非法采砂、过度捕捞行为被及时遏制。在数据监控层面，应将水源地水质监测与周边污染源排放数据打通，并借助地理信息系统实现全过程跟踪，让预警与发现问题后的处置与预警能够跨部门、跨行政区域迅速落实。若水源地生态能维持稳定或逐步修复，饮用水处理环节所需的能耗、药剂费用和建设投入亦会大幅度减少。打通"生态—经济—民生"三者间的关系，对农村可持续发展与水安全保障均意义深远。

3. 农村特色农业及生态旅游的互动关系

无污染、高品质的水源在种植业与水产养殖中能保证土壤与水体环境的健康，使农产品更具竞争力并满足绿色认证或有机食品标准。有些村镇引入高端农产品品牌或稀有水生动物养殖时，水体环境的清洁度直接影响成品质量与市场声誉。面向游客开放的观光农业更需具备清洁生态形象，水渠、池塘或小型湿地若水质良好，不仅能提高景观可观赏度，也能为体验式旅游活动提供丰富内容。游客对农业采摘、亲水体验等项目的满意度与消费意愿通常与当地水环境紧密关联，因此在村级环境整治与旅游规划中同步推动水源保护可带来经济和社会效益的双赢。

生态旅游与安全饮用水之间也存在深层的融合机会。山地或河谷景区往往凭借地貌优势提供清澈泉水，但若缺乏后续保护和基础设施配套，很容易因游客数量激增而带来生活垃圾、洗涤污水和直排粪便等污染。

旅游规划若能将分散式污水处理单元、小型垃圾收运系统与景区管理制度捆绑实施，能够让旅游业发展与饮用水安全形成互助关系。通过合理的门票或服务收费，也可部分反哺水源地生态管护经费。农户与本地社区在旅游项目中获得更多收入，对当地水源与生态系统的保护意识也会增强。在宣传层面，可以将饮用水保护经验、农业生态实践与乡村文化相结合，打造独具特色的研学和科普主题活动，让游客在体验自然之余了解到节水、环保与循环利用的理念。这种以优质饮用水为依托的农业——旅游融合模式有助于营造长期稳定的绿色经济循环，将名特产与生态观光有机结合，进一步巩固农村地区的综合竞争力和可持续发展能力。

二、管理措施

（一）法律法规与规范性文件

加强农村饮用水管理的法律法规与规范性文件建设是确保供水质量与公众健康安全的重要保障。公共政策层面需要在法律体系中明确饮用水水源保护、供水设施建设、水质监测与信息公开等核心环节，借助立法与执法力度形成对各类利益相关方的有效约束。饮用水卫生标准应根据农村经济与环境条件做适度完善，既要与城市同类标准相衔接，防止出现区域间水质安全差距，也要结合农村地理与社会特征给予差异化的指标和检测灵活度。部分偏远乡村如果地处地质高氟、高砷或重金属含量较高的矿区，需要更具针对性的限值与监控要求，让当地政府和供水单位在技术投入和风险控制上更有针对性。立法设计时还需关注对污染源排放的限制和惩处机制，包括农业面源污染、畜禽养殖废水以及乡镇小型企业排污等，需要配合相应的许可证制度和行政执法手段，确保农村水源保护不因监管空白而受损。

行业导则和操作规范的制定为农户与管理人员的日常工作提供指导，包含水源选址、取水设施防护、管网敷设、消毒设备安装与维护等具体要求。技术文件可把大型集中式供水工程的操作规程转化为简明易行的农村版本，并辅以多层次的培训计划，使村干部与基层卫生员具备基本的鉴别与应急处置能力。若在供水工程立项阶段能够参照规范性文件进行可行性论证，也能预先杜绝建设过程中的盲目投资与重复建设。地方环保部门与水利部门合作编制的规范性文件若能依据地区特征作出分层次指导，能使县域或乡镇在管理实践中找到适合自身的执行路径。在执行层面，鼓励建立公众可查询的水质数据平台，通过法律赋予农民对不达标水源或违规排污行为的监督权，并拓展法律责任追究的渠道。

法律法规的约束力还需与财政、技术与社会机制联动，才能在实际层面有效发挥作用。若缺少经费支持，县、乡两级政府难以落实针对检测机构与执法队伍的配备，法律条文便会因执行力不足而流于形式。鼓励司法机关或监察机构对危害饮用水安全的违法案件进行严肃查处并公开裁决，也能产生一定的示范效应，让更多企业与个人意识到违规成本。法律法规的条款宜留有相应的技术更新空间，因为水质污染特征与治理技术在快速演进，确保立法与标准的修订走在实际需求之前。精细化的立法也有必要强调与国土规划、产业布局、生态保护红线等政策工具之间的衔接，使水源保护不再是单一环节的孤立工程，而是在更宏观的区域发展框架下获得相对稳固的法律地位。综合而言，法规和标准化管理为农村饮用水安全奠定了制度根基，在操作层面则需多方协同与持续完善，让法律的权威与规范文件的可操作性真正落地，为广大农村提供坚实可靠的饮用水保障。

（二）公共参与和监督机制

公共参与和监督机制在农村饮用水管理中发挥着至关重要的纽带作用，将政府部门、技术机构与村民的利益与责任紧密联结。公众对供水设施的认知与关注度决定了系统运行的日常可持续性，若缺少社区层面的配合与自发监督，再完善的技术措施都可能因操作不当或资金短缺而难以维持。农村环境中的信息传递渠道及文化氛围与城市存在差异，许多农户可能并不了解水源保护与净化工艺的重要性，定期组织村民会议与科普讲座能在乡土语言与现场示范中传达水质安全与使用风险管理的知识，使更多人懂得判别异常水质、检修简易净水设备并向上级机构举报潜在隐患。一旦公众掌握了基本认知，对饮用水安全便能发挥直接的监督和维护作用，为本地供水工程提供"自下而上"的安全网。

监督渠道的建立有赖于信息公开化与透明化。若供水单位或乡镇政府能将水质检测数据、出厂水标准和成本核算等数据在村务公开栏或数字平台上及时公布，农民与社会组织便能有据可依地开展对水质的评估与讨论。举报热线或社交网络平台的运用更能使隐性问题尽快曝光，如非法排污、处理设施故障或未按规定加药等，都可借助村民的"眼睛"被及时发现。建立基于村委会与基层自治组织的水源巡查队伍是另一种行之有效的做法，让若干有环境意识与责任感的村民接受简单培训后定期查看取水口、管网沿线与排污点。此类自治与外部监管的结合能在第一时间阻断突发污染事件或管道泄漏，将水质风险降至最低水平。管理部门需为他们提供必要的检测仪器或简易试剂，以支持初步判断，出现严重异常则由上级专业队伍迅速跟进核实并解决。

公众参与机制要取得长久成效，还需与文化与经济激励挂钩。对村民提出的合理化建议、监督成果和保护行为做出一定程度的奖励与表彰，既能鼓励更多人参与，也能形成良性的社区氛围。环保公益组织与学术机构若能在农村长期开展科普活动或教育实践项目，也能帮助当地农户持续更新对饮用水安全的认知，从而避免因知识匮乏或懈怠导致的水质问题。监督机制也要在法律与道德层面建立威慑：污染行为不仅面临行政处罚，还涉及乡规民约甚至舆论谴责，让某些违规者在村庄共同体内部也难以逃避责任。将公众监督纳入系统化饮用水管理体系，可以增强决策和执行过程的透明度，提升社会公信力和执行效率，最终使农村饮用水安全获得多方共管、多元受益的良好局面。

（三）运维资金与市场化模式

运维资金与市场化模式在农村饮用水管理中既牵涉实质性的经济投入，又关联运行效率与长期可持续性。传统的政府全额投资与公益化运营模式曾经在一定时期发挥保障作用，但在欠发达地区很难持续覆盖扩建、维修与运行费用，往往导致后续管理乏力。市场化模式鼓励将社会资本与运营商引入供水项目，以特许经营、PPP 或 BOT 等方式承担建设与日常运维，同时获得一定回报。此类模式需要平衡公益与盈利两种不同目标，在供水工程立项时明确费用分担、收益分配、风险共担的合约细则，并确保政府部门保留对水价和水质的监管权。若市场主体只注重短期收益而忽视水质与农户利益，反而会冲击农村民生稳定与生态安全。

运维资金的构成可采用多元化组合：中央与地方财政补贴为工程建设和前期费用提供基础支持，社会资本负责工程推进与管理，农户或村集体通过使用费、服务费或集资方式承担日常运营所需。对于经济水平极低或人口规模过小的村庄，完全的市场化或独立运营几乎不可行，需要更大比例的财政投入或公益组织参与。计费模式若设计过高，农民可能不愿按规定缴纳水费，形成严重亏空；计费过低则难以满足药剂、电费与人力的基本开销。部分地区采用差别化水价，按照负担能力和用水性质区别定价，也有尝试阶梯式收费来引导节约用水。为避免盲目收费或亏损，常需事先通过财务测算与社情调查，确定合理的水费区间与补贴力度。

市场化管理的另一个侧面在于专业化运维队伍的培养与考核。外部企业或社会组织在供水设备选型、运行监测与故障处理上更具技术优势，但必须接受当地政府与村民的定期评估，公开运营数据。若考核结果显示水质指标连续不达标或停水率偏高，合同可设置相应的违约条款或扣款机制，保证居民基本权益。考虑到农村地区分布分散，企业也需对运维成本与收入水平有充分认识，可在多个村庄连片承包以形成一定规模效应。信息化系统若能在乡镇一级建立远程监控平台，对水量、水质与设备工作状态进行实时跟踪，也会显著降低巡检人力并提升运维效率。财政部门若能配合绿色金融与生态补偿机制，对主动减少污染源或积极推进节水技术的运营方给予部分补贴，也能引导市场逐步向更具社会责任的方向发展。规范化、透明化的市场化运维体系既能减轻政府财政压力，也能促使农村饮用水设施保持更高水平的运转，形成稳健的"社会资本投入—公众付费—政府监督—可持续运营"良性循环。

（四）应急预案与风险防控

应急预案与风险防控在农村饮用水体系中决定了突发情况能否被迅速识别与遏制，也关系到健康安全与社会稳定。地质灾害、洪涝或干旱等自然因素会急剧改变水源水质与可采水量，工业或交通事故则可能导致化学物质泄漏并污染流域。制定翔实可行的应急预案、需要预先掌握关键水源分布、备用水源与应急物资储备等重点信息，落实分级响应措施。县级或乡镇层面可设置多部门应急联动机制，包括环保、公安、卫生、交通等部门，明确各自职责与信息共享渠道，一旦出现预警信息，可以快速组织封闭取水口、调度应急供水车辆或启动备用水源。预案中也须详细规定信息发布方式，防止谣言与盲目恐慌，如有水质大范围受污染，村民可通过官方渠道第一时间获知停水或水质异常的程度与时限。专业检测与流行病学调查部门应在应急过程中提供溯源依据，评估污染物种类与扩散范围，帮助决策者判断是否需要更高一级的响应。

风险防控机制不仅适用于灾害或事故，也适合日常运行中出现的隐性问题。例如，水源井盐度、氟化物或有害金属含量在某些季节可能快速飙升，应急预案可以将定期的水质监测数据与现场巡检相结合，当接近门槛值时立即通知供水方采取应急降负荷或切换水源的措施。病原微生物引起的疫情风险同样需采取前瞻性监控，一旦消毒系统或管网消毒剂余量不足，可能在数日内引发水源性腹泻或其他疾病的暴发。储备简易快速检测试纸或便携检测仪器能为基层卫生员提供技术支持，发现异常后即向乡镇卫生院和水利主管部门上报。应急预案也要涵盖物资供应与人员调度，如需要大批次的消毒剂、应急水箱、移动泵车以及道路通行保障，甚至包括协调邻近县镇的援助机制。更高层面的预案可在区域或流域管理框架下制定，让上游与下游地带在紧急情况下能高效开展信息互通和联合控制，防止污水或毒物随水流扩散到更大范围。后续修复与健康评估同样关键，污染事故过后要跟踪居民健康状况和生态系统复原进程，必要时继续实施临时供水或提前部署新取水口。应急策略的落实与风险防控的有效性，很大程度取决于日常制度的演练与资金投入，若村镇平时忽视管理细节，临时处置环节很可能顾此失彼。系统化的防控与应急可以在最短时间内削减污染冲击并保障群众健康，以减少饮水安全事件在农村社会所引发的连锁影响。

第四节　综合治理和水安全保障策略

一、流域视角下的系统化治理

（一）分区域管控

流域作为一个由自然地理条件、水文过程和社会经济活动共同构成的综合体，蕴含多条相互关联的水系与生态走廊。在这一背景下，对农村水安全的整治若想取得长久成效，需要从流域尺度进行系统化管控与整体规划。分区管控针对不同区域在地质结构、水文特征、土地利用类型和人口分布上呈现的多重差异，设定具有针对性的管制目标与实施路径。低山丘陵带、平原农田带和河口湖泊带往往在污染源分布、径流路径以及水质敏感度方面存在较大差异，若采用同样的标准和手段，难以兼顾生态安全与经济发展。整体规划可将流域划分为多个功能分区，如饮用水源保护区、农田灌溉区、畜禽养殖集中区，以及旅游与湿地保育区等，分层设定对污染排放、农业投入品使用和土地开发强度的约束指标，依托空间区划指引各类土地使用行为与水环境保护措施的协同推进。

河道及其支流汇集和分散的过程主导了营养盐与有机污染物的迁移与累积。若某一支流水系位于畜禽养殖核心带且对下游水源地形成直接影响，便可借助分区管控思路设立更严格的排放限制与农业废水治理措施，并结合畜禽规模养殖场或企业排污许可证制度进行在线监测。对上游山地生态功能区可应用生物滞留、林地涵养与生态保育等方式来减轻地表径流带来的悬浮物与有机负荷。中下游平原常聚集大片耕地与农村居民点，需要在土地整治规划中明确缓冲带与分散式污水处理设施的布局，保证农业面源污染得到一定程度的拦截与削减。河口与湖泊生态敏感区适宜通过湿地修复与分级蓄水措施来提升水体自净能力，并对外来营养盐输入进行分级严控。这样分区与功能定位的差异化管理使流域各段针对自身污染特征和生态敏感程度采取相匹配的措施，而不至于"一刀切"或"顾此失彼"。

系统化治理需要流域范围内的多主体协同和精细化的规划手段。地方政府在综合考虑区域产业布局与水环境保护时，应着力推进空间规划与水利规划、农业规划、环境保护规划的整合，借助地理信息系统、遥感解译与水文模型，对地表水与地下水的供需平衡与动态变化作出中长期预测。识别关键断面与重要生物栖息地后，要在整体规划中专门提出保育或修复方案，涵盖禁止无序挖沙、控制养殖密度、治理黑臭水体与转变耕作方式等多方面内容。分区管控不应只是行政区划上的分割，更需借助跨区域的协调平台来统一执法标准与信息共享，让上游和下游在政策与资金上形成联动。有些流域处于不同县市管辖范围，若无系统协调，很可能在污染防治上出现推诿与监管真空，造成上游超标排放累积到下游再处理,既浪费经济成本,也影响整体水质改善。

宏观层面管理者可设置流域生态补偿机制,以经济激励或财政转移支付的方式,让上游地区在保育水源、限制高污染产业或减少化肥农药使用方面得到实质收益,从而避免因保护环境而导致经济损失,下游地区也能在水质与调水的需求中获益,实现生态红利与发展利益的共享。若想让分区管控与整体规划在农村落地,需要将宏观政策与基层执行对接起来,鼓励村民积极参与区划方案讨论,在村庄周边逐步建立分片式污水处理设施或生态沟渠来承接生活污水与农田退水,将面源污染削减与河道修复同时推进。修编村镇规划时可依托分区管控方案布设公共基础设施,避免新建筑或新产业落在关键水源涵养区或洪泛区。对于流域生态敏感度较高而经济欠发达的地区,还需匹配金融支持和技术培训,让低成本、低能耗的环保技术在村庄层面实现可持续运营。

数字化与智能监测等新兴手段还能为分区管控与整体规划提供坚实的科学依据。大数据与遥感监测使流域面源与点源污染动态得以被实时掌握,管理部门若能建立统一的云平台共享检测数据,就能在宏观上诊断污染发生的空间位置与可能原因。规划专家可在数据支撑下对各功能区污染物排放总量进行适时评估,动态调整生态修复及污染削减力度。无人机巡查与物联网监测手段也可帮助乡镇政府在田间地头与河流岸线发现环境违规行为。针对某些重点水域,还可采用连片治理策略,将若干相邻村镇的污染源头统一纳入一体化管理,既提高了投入产出比,也为下游水源地筑起高效的防护屏障。

(二)多部门协同与跨区域合作

多部门协同与跨区域合作在流域治理中发挥关键作用,原因在于单一部门或行政单元往往难以完整掌握水环境问题的全貌,也缺乏足够的执法与技术手段去统筹复杂的污染源控制与生态修复。流域内部的水量调度、污染物排放监管以及水生态系统的维护涉及环境、农业、水利、林业、交通、财政等多个部门，若各自为政，容易出现职能交叉或空缺，致使某些问题在部门间被推诿或忽视。跨区域协调同样重要，流域可能横跨不同县区或省级行政区，若彼此之间缺少信息互通或联合执法平台，上游放任排污的后果将转嫁给下游，造成区域间矛盾。建立多部门协同机制可在规划、监督、资金和技术层面实现集约化管理，使流域综合治理目标更具可行性。

政府层面可通过设立跨部门的流域管理委员会或联席会议，邀请环保、农业、水利、林业、住建以及财政等部门的代表定期讨论并更新流域治理进展。一旦发现河道水质下降或水域生态遭受破坏，不同部门能依据分工迅速介入：环保部门负责执法查处违规排放，农业部门限制高污染农事活动与化肥使用总量，水利部门调度水工程设施或构建生态调蓄池，林业部门在流域源头与敏感带推进植被恢复或生态隔离带建设，住建部门则强化农村环境基础设施的运营与维护。这种行政分工与技术联动须在信息共享体系下完成，确保监测数据或执法信息能实时上传到统一平台。财政部门可在具体项目中进行投资评估，优先对具有环境公益属性且能够促进农村水安全的项目提供专项支持，以解决部门间争夺资金或重复立项的问题。

跨区域合作需要从更高层级的行政管理或流域管理机构着力，推动毗邻地区或上下游各行政区在统筹规划和日常监管方面开展紧密对接。流域界内常出现县市边界水域无人问津或跨界断面排放难以追责的情况，若能联合成立跨界执法或巡河小组，定期对河流、排污企业和农业面源进行联合巡查及突击检查，就能避免上游向下游"转嫁污染"的消极行为。某些省级层面还设置了跨区域流域生态补偿制度，让上游地区在加强保护后能够从下游获得一定的财政补偿或税费优惠。只要在制度设计时明确绩效指标与奖惩方式，生态补偿就能成为积极调动各方保护积极性的工具。上游若持续达成水质目标，可获得更多生态补偿或项目倾斜；若水质严重恶化，下游有权依据协定追究责任或削减补贴。跨区域协调机制同样还需完善信息沟通渠道，保证多地多部门能共享监测数据与涉水项目的建设动态，建立统一的指挥与应急调度系统，避免突发污染事故时推诿或处置延误。

协同与合作也可延伸到社会与市场领域。许多民间环保组织、科研机构与企业在流域治理中具有专业力量与实践经验，若能将这些主体纳入协同框架，通过购买服务或公开招标的方式开展河道清淤、生态修复、污染源监测等项目，会让治理模式更具灵活性与创新空间。农业龙头企业或产业联盟若参与跨区合作，可以在面源污染的监测、农产品绿色认证与田间管理层面起到带动作用，为乡村提供统一农资采购和废物回收利用的解决方案。科研单位或高校可面向多个地区提供专项研究和技术咨询，帮助不同地形、不同产业基础的流域片区找到合适的治理路径。财政或金融机构也可与流域管理机构合作，通过专项贷款、绿色基金或生态债券等金融工具支持跨区域项目落地。

监督评估和信息公开在这类协同架构中不可或缺。多部门协同与跨区域合作若要达成统一步调，需要建立常态化的绩效评估机制，梳理各部门和各行政区在治理项目中的成效与责任落实度。监测数据和执法结果可在平台向公众发布或定期召开听证会，让村民与社会团体也能对关键水域和污染企业进行持续关注和监督。数据公开还能促进不同地区间的治理对比与学习，上游地区若能在农业减排或畜禽粪污资源化上取得显著成效，下游地区也可复制或改进相关经验，从而形成治理知识的跨区域流动。多部门定期交换执法案例或项目建设模式，会进一步缩小各地在执行层面的能力差距，避免一些区域"掉队"。

流域层面的农村水安全既涉及经济发展与产业布局，也与社会民生和生态红线守护紧密相连，需要更高层次的综合协调与跨行政区域的约束。若能通过高效的多部门协同与跨区域合作机制，使信息、资金、技术与人员在流域内得以顺畅流动与优化配置，便能在最大限度内实现污染源减排与水生态修复两大目标。上游地区在投入生态保护后不再处于

"吃亏"地位，下游地区也不必长期承担净化与整治的负担，各自目标与利益的平衡由制度化的协作平台来保障。由此形成全方位、立体化的水环境治理生态网络，让农村水安全在更广的区域尺度内获得持续稳固的支撑。

（三）生态修复与资源再生利用

人类活动在源头、支流和湖泊附近累积了多重扰动，导致水生生境萎缩、土壤退化以及生物群落结构紊乱。植被恢复与湿地构建是修复策略的重要组成部分。针对河岸带植被严重破坏的区域，可以通过补植本土树种和耐湿灌丛，为水禽和底栖生物提供栖息与觅食空间，并起到拦截地表径流中悬浮物与氮、磷的作用。人工湿地布局于主要支流或农业排水口处，有助于削减面源污染，使河道或水库下游获得一定程度的水质改善。挺水植物和沉水植物在湿地中不仅可以吸收富营养物质，还可以通过根系输氧为微生物活动创造条件，协同分解污染物，实现相对高效的自然净化。

部分河道或水库经历了采砂、过度捕捞或非法排污等活动，需要采用工程与生物措施并行的方式来修复底质和恢复水体自净功能。局部河段若底泥富集重金属或有毒有机物，可在评估风险后进行疏浚或原位稳定化处理，以防止受污染淤泥随水流扩散并二次污染下游区域。有些支流因农业面源导致的富营养化，藻类频繁暴发，投放生态浮床与人工沉水草带可以在表层减少氮磷，并为水生昆虫、鱼类提供栖息环境。对长期淤积的段落，通过局部岸线重塑，将河道修回合理宽深，让流水在枯水季节也能保持一定流速与含氧量，从而为后续生物群落重建打下良好基础。

在实现水生态系统渐进恢复的同时，资源再生利用成为乡村振兴和循环经济的重要议题。畜禽粪污或农业废物若能在上游或农户层面得到厌氧消化与有机肥化处理，可显著减轻对河道和湖泊的营养物质输入。

在平缓河岸或滩涂地带，兴建小型人工湿地或氧化塘并收集农田退水，经过适度沉淀、消毒或微生物过滤后将处理水回用于农田灌溉，不仅能节约淡水资源，还能进一步降低氮、磷排放量。沼液、沼渣或湿地植物残渣在处理后可供作农田肥料或饲料添加，对农民来说等同于减少化肥与饲料成本，同时也可减缓水体富营养化。若某些地段具有水能或清洁能源开发条件，可以在生态修复的基础上发展水电、小型生物质发电或鱼菜共生系统，让部分河道或湖区承担生态与经济复合功能。流域沿线社区在参与清淤、植被恢复等活动时，往往也能获得科普式的体验与收益，形成对生态保护的自发认同感。水源修复若结合乡村产业，如生态养殖、特色农业观光等，能让农民通过健康水环境获得直接的经济回报，增强对生态维护的积极性。社区和社会组织若共同组建巡查与维护队伍，一旦发现非法排污或破坏湿地行为，可迅速依托相应法律法规进行劝阻或举报。对分散在流域内部的畜禽养殖场和农户来说，当再生利用体系具备显著经济利益或得到社会认可度时，他们通常会自觉减少向河道排放，并主动调整养殖规模与水肥管理模式。

持续观测水质、沉积物和生物群落变化能检验修复进度，指导后续优化投放和补种策略，并及时锁定新的污染源。当水体理化指标和生物完整性明显改善时，观察到的宏观效益包括洪涝调蓄能力提升、生态系统稳定性增强、景观价值和生物多样性增长等，这些都为后续的经济与社会发展创造更多潜能。若在流域层面以分区管控、联合执法、财政激励相配合，生态修复与资源再生将形成内外兼顾的正向循环，为农村水环境治理铺就更加稳健的长远道路，也为区域绿色经济注入新的增长动力。

（四）智慧化管理

智慧化管理既源于监测与分析需求的不断提升，也因为跨部门、跨区域的协同和调度需要更加高效的技术手段。数字化监测平台通过整合物联网、水质传感器和地理信息系统，使管理者可以从流域全域实时获取污染源排放、河流水质、地下水位以及降雨量等动态信息。若有企业或养殖场出现异常排放，或某段河道水体理化参数骤然上升，平台能够在短时间内向相关主管部门和地方执法力量发出警示，协同跟进溯源与查处。边远地区过去依赖人工巡查，难以及时发现和处置水环境突发事件，而智能感知设备在布设后可连续采集数据，通过无线或有线网络回传至中央系统，明显提高预警灵敏度与反馈速度。高分辨率卫星影像与无人机巡查有助于快速识别河道淤积、岸线侵占等变化，对全流域土地利用格局和水生态廊道进行动态观测，若与历史数据叠加，还能推断土地利用冲击与水质恶化之间的内在关联。借助图像识别算法与地理信息系统的耦合分析，管理机构可以精准定位污染源的时空分布规律，为后续执法与调度提供科学依据。人工智能模型若纳入气象预报和上游来水量，还能为洪涝或干旱时期的水资源调配提供决策辅助，提前制定分洪或补水方案，减小极端天气对农业灌溉、生态供水与农村饮用水安全的冲击。

　　流域涉及的监测要素繁多，包括水质指标、流量、降雨、土壤墒情以及涉农经济活动等，历史数据冗杂且零散，传统方式难以在合理时间内完成深入分析。云端数据库能接纳多源异构数据并利用数据挖掘方法归纳出重点区域的污染生成机理、面源负荷时段以及河湖自净能力的极限阈值，生成针对性的治理方案。管理者若结合经济社会数据库，对工业用水、农业种植结构与旅游发展也能作出更宏观的关联分析，使治理方案不再局限于某一断面的水质改善，而转向整个流域水资源与产业布局的综合匹配。在线监测系统与智能调度平台的应用，为流域不同部门建立统一的执法与调控窗口。水利、环保、农业、林业等机构在同一平台查看实时水情，对农村水污染事件或企业违法排放能开展快速会商与责任判定。协调机制若融入自动化控制与预测模型，能够根据上游水库预报来水和下游需水量进行远程调度，为分区供水及重点生态区补水提供智慧化辅助，缓解因沟通不畅而导致的决策延误。部分流域管理机构还配置了决策支持模块，综合考虑水质红线、经济效益与社会影响，给出多种可行的治理路径，辅助管理者权衡利弊，提升政策制定效率和执行准确度。

农村环境治理与智慧化管理的融合不仅聚焦技术本身，也离不开数据公开与公众参与的有效衔接。若能在物联网监测节点之外，设置简明的公众信息终端或移动应用平台，农民与社会组织便能实时查看本村附近河流水质状况和预警信息，对异常信号进行佐证或上报。群众若在日常劳作或生活中发现污水横流或采砂破坏现象，可以通过拍照或文字描述提交到协同平台，政府部门与环保志愿者迅速响应，构建双向互动的监督体系。智慧化不但让行政监管更加精准，也赋予广大农村居民更大话语权与共治权，不再只能被动接受外部干预。

二、水安全保障的综合策略

（一）法治化、规范化推进

水安全基础保障依赖完备的法律依据和强有力的行政执行。法律条文需要在排污许可、水源保护、污染预防等关键部分给出清晰规则，违法行为一经发现便可采取严格处置。立法过程中适度纳入地方特色条款，便于因地制宜地规范微小型养殖场或乡镇企业排放，避免笼统规定引发执法困境。行政部门在此基础上推进规范化操作准则，为取水口、净水设备、输配管线等各环节设立统一技术要求，减少人力资源不足或管理水平不高造成的水质风险。备案和审批制度应覆盖供水设施的设计方案、建设流程以及后续运维措施，使每个阶段都能在政策与技术层面获得指导。

公共资金投向常与法治化—规范化导向相匹配。对低收入地区，需要通过加大财政投入或设立政府专项基金的方式，增强支持力度，尤其面向小型集中式供水项目或分散户用设备，帮助其符合既定技术标准。若法律条文对污染源提出严格限排与实时监控的要求，配套财政应及时介入，方便建设物联网感知终端以及在线数据采集系统，为执法和考核提供实时证据。法律与规范若缺少可执行细则，许多规定便流于形式，难以应对农村环境复杂多变的挑战。针对高氟、高砷、高盐地域的水质特征，也需要在规章细节里明确特殊指标限值和检测频率，通过发布地方性技术指引，让基层管理和操作人员在日常运行时有所遵循。

立法不仅是为行政机构赋权，也需要将农户和供水单位的权责划分落到实处。每次执法行动若能向公众公示结果和依据，能形成足够的威慑力，让潜在排污者或违规操作方有所顾忌。合格检测机构的认证同样应纳入法律框架，借助标准化程序确保水质数据具备客观性，减少地方保护或弄虚作假现象。规范化建设还体现在人员培训与绩效考核体系中，管理部门可对乡镇级别的技术员、运维工人设立岗位准入门槛，并出台专业培训教材或技术规程，将当地若干示范工程经验总结为易学易懂的操作范本，让分散村庄供水设施也能严谨运转。配合统一的信息平台和简洁的数据汇报流程，可以让不同层级的监管者共享实时动态，从而在水安全问题出现时快速介入，阻止局势恶化。

（二）风险预估举措

水安全往往面临突发事故的挑战。地震、洪涝、泥石流等自然灾害可能在短时间内摧毁取水设施或让水源受到泥沙与有毒物质侵袭；工业泄漏或交通事故导致的化学品入河，也会在下游形成大范围水质剧变。精准风险预估是避免灾难性后果的关键。多学科合作能够结合水文模型与地质灾害数据库，为各村镇编制详细的风险地图，标注高危地带和取水口周边易受冲击的区域。气象预报、卫星遥感若能与水情监测设备打通数据通道，管理者便能提前分析即将到来的极端天气或泄洪过程可能对农村水源地产生的影响，从而制定临时性供水调度或引水替代方案。

应急响应不仅依赖硬件设备，还涉及人力资源和指挥流程。若经济欠发达的乡镇难以自行组建专业救援团队，可以在县市层面建立应急网络，通过构建数字化管理平台实现泵车、水质检测试剂、消毒药品及基础供水设备的智能调配。村级层面可设立专职或兼职应急联系人，一旦监测到河流水位异常上涨或管网破裂，即立刻上报，并联络附近村庄合力转移重点人群或迁移可移动设备。出现严重化学品泄漏时，需要上级环保部门及安监部门立即封堵入水点或设立水域隔离带，并在下游居民区张贴告示或广播预警，提示居民停止使用相关水源或通过应急净水片剂暂时饮用。

分散农村区域若要显著提升应急效率，必须保证财力储备和制度建构同步跟进。应急物资的频繁调运、跨行政区间的联动都需经费支持。部分村镇可与商业保险公司签订环境责任险及灾害险的保险协议，让潜在风险有市场兜底，降低地方财政独立承担的重负。对可能出现的病原微生物大规模暴发，也可以通过日常防疫体系与管网余氯监测提前介入，若检测到高致病菌指标就启动应急程序，安排人员上门排查小型水井或储水容器。管理者还需做好后续的救灾与心理抚慰工作，尤其是受灾严重区域，允许在一定时期内部署临时供水站，配合卫生防疫人员对灾区水质开展集中检测，尽量避免次生传染病暴发或饮用水中毒事件。

应急响应若能融入面向长远的风险评估循环，就能从根本上减少农村水安全危机的发生频率。定期更新数据和完善演练可让地方干部熟悉多种极端情境，村民也会渐渐形成自救意识和避险本能。事后评估则能帮助各部门检讨应急流程中的缺陷，通过修订预案、优化指挥机制完善整体体系。风险预估与应急响应彼此呼应，不断强化农村对水环境脆弱性的抵御能力，让村庄在面临自然灾变或人为事故时不至于陷入瘫痪。不断积累的应急经验也能转化为更成熟的管理成果，为其他区域或更大范围的流域安全提供借鉴示范。

（三）长效运营模式

农村水环境整治在财务与管理层面存在不少难点。运营资金不足、基础设施欠完善和技术人员匮乏导致许多供水项目启动后因缺乏后续投入陷入半瘫痪状态。多元投入模式有助于打破此僵局。财政专项拨款可承担初期建造与设备采购费用，但后续运营与维护若完全依赖公共预算，很可能出现资金链断裂或使用效率不高的情况。社会资本进入供水领域，能通过 BOT 或特许经营方式获得稳定运营收益，缓解政府在资金和管理上的双重压力。村集体或合作社也可以以股权入资，或者以资源优惠方式换取企业承包水务项目，形成风险共担与利益共享的格局。

长效运营取决于稳定收益与可持续运行。水费价格要结合农村居民收入水平与日常用水习惯，不宜过高，否则可能引起拒付或私接管道的现象，但也不能过低以至于难以覆盖日常电费、药剂与检修开支。可尝试实行分级计费或适度的用水补贴，让低保家庭获得部分减免，兼顾弱势群体需求。社会资本若参与运营，可以在合同中明确定期水质检测、减排指标、设备更新频率等约束条款，以保障水厂或分散供水设施的稳定运行。对运营成绩较好的主体可设立奖励基金或融资利率优惠，鼓励其在工艺改进与人员培训上持续投入。

县级或乡镇层面可推动多个村庄联动，将分散的小型供水点纳入统一管理网络，通过信息化集中调度与运维团队巡检提升整体效率。资金投入也可以分阶段推进，先把最急需的取水口保护和消毒设施配齐，随后在更长周期内逐步升级或替换落后设备。鼓励部分农业龙头企业或电商平台加入水安全公益活动，提供资金或智能化监控软件，进一步拓宽多元投入渠道。若有污水处理尾水再利用项目，也能在灌溉或渔业增收方面吸纳社会投资，带动上下游产值。这类长效运营模式既为公共事业属性的农村供水体系提供了坚实资本后盾，也能让更多社会力量共同参与水环境保护并获取合理收益。

（四）社区共建举措

水安全保障在农村不只是技术和政策的落地，也关乎农户日常行为和社区文化氛围。社区共建的理念将村民、供水企业和地方政府紧密结合，人人担负一部分责任，形成基层自治和外部监管交融的局面。村干部和村民代表若能在供水决策过程中发声，能够更深入地把握本地实际需求和风俗习惯，为供水项目选址、工程规模、运营方案等提供务实建议。水源巡查和环境监督若融入当地自治组织，群众对河道、农田排水沟和排污口便能保持日常监看，出现污水溢流、管网破裂等问题时能即时上报。若管理机构为村民提供简易水质检测工具或手机端报修平台，更能强化村民的自我监督与责任意识。

公众参与不仅局限于防范风险，同时也关乎对环保理念的认可，以及对环保的长期守护。农民往往直接面对面源污染和畜禽养殖污水，若能在日常生活中形成自觉的分类排放和用水习惯，农村环境自净能力就会显著增强。学校教育和妇女培训等途径在普及卫生知识与水环境保护意识上独具价值。若教学材料能结合本地典型案例，青少年在日常学习中就能理解家乡水资源面临的挑战，进而带动整个家庭改变用水陋习。村内各类社团和义化活动也可植入节水、护水和循环利用观念，使环保理念在自治组织内部生根发芽。

社区共建还包括对外部资源的整合和对新技术的试点。农业企业、环保组织或高校科研机构若在乡村设立试验性水处理或生态农业项目，需要征求村民意见并将成果分享给农户，让群众能直接见证创新技术带来的收益或改进，从而增加接受度。若村庄在初始阶段看到实际经济或环境效果，便会更加主动地为维护水安全出力。将公众参与和荣誉激励相结合，也是一条可行的方式。若定期发布"清洁水源带头人"或"节水示范户"榜单，会带动更多村民自发遵守公益义务。社区建立互助基金或村集体环保基金，也可用于支持弱势群体修缮供水设备或应对突发水污染事件，进而增强村庄整体应对能力。

这种社区共建—公众参与模式让农村水安全在更广的社会土壤中扎根。村干部在项目管理和预决算中不再局限于行政命令，而是依靠村民自我约束和互助网络，让水安全保障变成集体共识。技术措施在群众的积极配合下更易落地并形成长久成效，资金投入也能得到有效监督。乡土文化与现代治理模式在这一过程中产生融合与互补，使农村生态在兼顾经济发展的同时实现良性循环。从长远来看，社区与公众共同维护的水安全体系，会为乡村区域带来更稳固的环境基础和更清晰的可持续发展方向。

第七章　空气质量改善与生态大气环境维护

第一节　农村空气污染的影响和来源

一、农村空气污染对农业生产的影响

秸秆及其他生物质的不完全燃烧往往在田间地头累积可吸入颗粒物，使叶面结构受到附着性阻碍。悬浮于作物周围的细颗粒不断削弱光合作用效率，叶绿素降解速率被动加快，植株对病虫害的抵抗力也随之下降。伴随颗粒物的沉降，还会产生沉积层与土壤上层微环境的微妙变化，土壤通气状况与微生物群落结构均面临连锁压力。有些地区长期处于农田污染带内，土壤养分循环过程逐渐减缓，新陈代谢较为活跃的菌群受到高浓度污染物的干扰，土壤理化性质出现酸化或板结征兆。农作物根系在这种土壤环境中难以实现充分延伸，植株对氮、磷、钾等要素的吸收效率明显下滑，产量预期和品质水平双双走低。

大气中的二氧化硫或氮氧化物通过干湿沉降融入耕地后，土壤酸化进程逐步加剧，微量元素的溶解度与活性随之提高，作物体内重金属累积风险不容忽视。部分经济作物在重金属蓄积条件下会出现畸形生长或早期衰败现象，种植过程所需的农艺管理成本亦大幅提升。农民为了应对这种潜在危害，往往在施肥方式与农药剂量上作出较大调整，试图抵消植株抗逆性下降带来的减产风险，却可能导致地表水体富营养化与土壤次生污染。气态污染物在作物叶面表层滞留时，易催生多种病害病原的繁殖，为病虫害横行营造温床，后期喷洒化学药剂的强度随之增加，形成"污染—减产—再施药—次生污染"的恶性循环。

农业面源污染的扩散路径同样和空气流动状态紧密关联，农田施药或化肥抛撒过程产生的大量气溶胶可随风扩散至更大范围，延伸到果林、养殖场等多样化生产区域。大片连片耕地若在封闭气象条件下频繁进行集中施药，极易诱发局部大气中有害气体与粉尘浓度的短时峰值，危及邻近种植区的花粉传递与果树授粉。那些依赖传粉昆虫的作物可能面临传粉效率急剧下降的尴尬局面，授粉不足后续直接影响果实膨大与籽粒饱满度。此外，蔬菜大棚等农业环境中若长时间积聚污染物，植物体内的生理胁迫会更明显，尤其是在棚内温湿度稳定且通风不足的情况下，叶片尖端或根茎处容易出现暗斑或烂根征兆。

生产环节之外，气象层面因素也不断放大空气污染对农业生产的影响。偏高的气温会加速各类污染物在空气中的化学转化过程，臭氧前体物在阳光充足且水汽充盈时易变为高浓度臭氧，敏感作物对臭氧侵害极为脆弱，叶片表皮细胞大面积坏死常常造成无法逆转的产量损失。若空气中长期存在超标的臭氧浓度，粮食安全与经济作物收益均面临更大的不确定性。此类破坏不仅限定于单一收成期，耐受阈值偏低的品种可能在后期生长期的抗性继续下降，让农户不得不重新审视作物布局和轮作制度，以尽量回避高峰期的污染暴露时段。学界与产业界对这一现象的关注正逐步深化，通过观测气象条件与大气成分的交互机制，力图在区域尺度上寻求兼顾作物安全与生态平衡的应对路径。

二、农村空气污染对农民身体健康的影响

微尘与细颗粒物在村落周围反复累积时，呼吸道黏膜反复接触外源性刺激，气管与肺泡的屏障功能逐步削弱。高负荷颗粒常带有重金属离子或未完全燃烧的残留组分，依附黏膜表面后引发持久性炎症反应，敏感人群在干燥季节往往出现咳嗽、胸闷等呼吸障碍症状。劳作强度较高者若忽视早期不适，慢性阻塞性肺病或支气管哮喘的发病率随之攀升。偏远区域的公共卫生服务能力不足时，局部人口出现长周期的呼吸功能退化，医疗负担与劳动力损失同步扩大。

二氧化硫及氮氧化物在扩散过程中渗入人体循环体系，血液中形成

的酸性产物与氧化分子会破坏免疫细胞活性，长期暴露下皮肤黏膜的屏障作用日渐式微。部分居民接触含硫酸雾或含氮气溶胶后常出现皮疹与瘙痒，反复抓挠导致继发感染，抗菌治疗难度不断上升。某些重金属元素被大气携带进入地表水体并渗入农田，田间生产出的粮食或蔬菜中毒素残留水平异常时，神经系统与肝肾功能无法在短期内排解累积物，注意力衰减与食欲紊乱等亚临床症状悄然出现。缺乏定期体检的村落对慢性损伤往往缺少预警手段，污染暴露引起的疲乏与记忆力减退得不到及时诊断，肢体运动能力也随酸碱失衡出现更严重的损害。

　　房屋内部的空气安全状况在生物质燃烧频繁的区域已构成新的风险。柴火灶或秸秆炉排放的一氧化碳在密闭环境中高浓度集聚，作业时吸入过量废气容易引发头痛与神经错乱，昏厥事故在通风条件不佳的房间更为常见。长期暴露在人造烟雾与油烟混合物中的人群，会经历黏膜充血与咽喉疼痛的反复困扰，青少年与老年群体抵抗力不足时更易出现严重并发症。眼部黏膜若经常受到灼热烟气刺激，角膜或结膜炎症持续加重，视力损伤的潜在风险逐渐攀升。缺少系统化的燃烧技术改进方案时，这种室内外联动污染无法在短期内彻底缓解，居住者健康状况持续脆弱，医疗支出在家庭经济中所占比重也逐步增大。

三、农村空气污染的主要来源

（一）农业生产过程中的污染

　　化肥和农药的大规模使用让田间土壤和周围大气环境同时承受多重压力。合成氮肥在土壤—植株体系中经微生物作用后会不断释放氨气，这些氨气与空气中的酸性物质反应后生成二次颗粒物，使村庄周边可吸入颗粒物浓度抬升。种植结构相对单一的区域中，土壤中微生物群落平衡被打破，肥料利用率较低时会有更多残留化学成分通过土壤挥发或随农田扬尘进入空气。农药喷洒过程如果缺少防护措施和科学的时序规划，会让含有有机磷、菊酯类等成分的气溶胶弥散至更广范围，邻近村落的居民在日常活动中经呼吸道接触这些微量毒素，呼吸系统与免疫力都存在潜在风险。一些农民为追求经济效益，往往增加施药频次或延长施药周期，空气中农药残留和衍生产物的浓度会更高，农田作业者在开阔田地里无形中吸入大量有害物质。畜禽规模化养殖也会排放氨气和硫化氢等废气，牲畜粪污处理方式不合理时，露天堆放形成粪臭气溶胶，进一步加重周边大气恶臭污染。地域性的生产模式若缺少严格监管，田间施肥与农药喷洒的时段高度重叠，大气颗粒物、气态污染物和生物性致病因子混杂在一起，导致农户在高温或静风气象条件下承受复合型污染负担。土壤养分流失与大气污染之间构成正反馈循环，耕地整体质量下降同时影响了农作物的抵抗力，居民空气健康风险也在无形中逐步加大。农田基础设施建设不足或缺乏科学化的生态补偿机制，不仅难以约束生产过程中的不合理投入，还为大气中的农业污染物提供了易于扩散的传播路径。

（二）生物质燃烧的污染

秸秆焚烧在收获季节集中出现，产生的烟尘在低空环境聚集时，加剧灰霾大气的频率与持续时间。烟气中所含一氧化碳、氮氧化物、可吸入颗粒物和多环芳烃相互叠加，对呼吸道和眼部黏膜具有明显的刺激作用。明火焚烧时燃烧温度不均，部分有毒产物无法完全分解，随风飘散的余烬携带的烃类颗粒在村庄内堆积，屋舍表面和道路两侧常见灰黑色的附着层。缺乏完善的秸秆利用渠道是导致此类现象反复发生的重要原因，农民对焚烧后带来的潜在破坏认识不足，短视地将焚烧视为处理秸秆的便捷方式。柴草、薪柴作为传统生活燃料时，室内外的废气排放更为隐蔽：简单的炉灶或低效热源装置在燃烧过程中产生大量未完全氧化的混合气体，直接排放进屋内或无序排散到院落，居民在烹饪或取暖时往往暴露于密集的烟尘中，因此慢性呼吸道疾病或眼部疾患频发。农户居住区常缺少良好的通风系统，当密闭空间不断积攒一氧化碳与其他燃烧产物，一旦达到一定浓度，较严重的急性中毒事件就可能发生。地方层面对生物质能源的综合利用水平若长期停滞，劣质燃烧所带来的大气污染会和其他污染源叠加，进一步妨碍农村宜居环境的建设。

（三）耕作、交通的污染

田间耕作活动通常会激起大量扬尘，尤其在干旱或半干旱季节，土壤颗粒很容易随农机具的作业被扬起并长时间悬浮在近地层，进而飘移到村庄主干道和居民居所。大范围平整耕地或深翻作业时，土壤结构被强力破坏，地表不再具备良好的团粒结构，尘埃无形中扩散的可能性大幅提升。农用机械排放的尾气与扬尘混合在一起，形成富含油性微粒和燃烧残留物的复合污染体系，对农业生产者与邻近村庄民众都埋下健康隐患。短距离运输或场内装卸过程同样散发大量废气，柴油发动机排出的氮氧化物与颗粒物会在村域有限的空间内聚积。通村道路尚未硬化或路况较差的地方，车辆行驶时气流对地表松散尘土进行二次扬散，使道路两旁常年笼罩在朦胧粉尘之中，农作物叶片上的灰尘附着层厚度逐渐增加，光合效率和经济产值随之下降。农村外出务工和农产品外销的频率上升，引入了更多流动车辆，乡村内部交通量密度增大时，高排放老旧车也成为不容小觑的移动污染源。若基础设施建设滞后于经济发展的需求，耕作和运输活动产生的大气污染便难以得到有效治理，形成隐性且长期的环境负担。

（四）生活方式产生的污染

日常烹饪时使用劣质煤炭或低效率炉具会持续排放硫氧化物及微量重金属颗粒，密闭的厨房空间无法及时排空废气，家庭成员面对长期累积的有害成分，呼吸系统和眼部易被反复刺激，室内空气质量难以维持健康水平。冬季供暖如果采用散煤直燃或简易火炉，也会在不足的通风条件下让一氧化碳浓度陡然升高，轻则头痛头晕，重则导致急性中毒事件。家畜粪污和人畜混居的情形在局部农村尚未得到完全改善，畜舍内的氨气、硫化氢以及微生物孢子可通过门窗或低矮隔断扩散至住户休息区，嗅觉刺激与病菌传播隐患同时存在。部分村民在经济收入有限时，缺乏对环境卫生和自我防护的重视，佩戴防护口罩或安装排风设备的意识较为薄弱，不合理的通风方式与卫生条件使污染物更易在室内外缓慢积聚。建材和装修材料质量良莠不齐，含甲醛、苯系物等挥发性有机化合物的装饰用品长期散发刺激性气体，也在一定程度上降低了室内空气品质。生活垃圾和废物若缺少分类与无害化处理，随意露天堆放或焚烧的现象就会把可燃性塑料、橡胶制品的废气扩散到屋舍周边，不同源头的污染因子叠加后产生复杂的化学交互，既影响居住者身体健康，也妨碍农村人居环境整体质量的有效提升。

第二节　农村空气污染物控制方法

一、源头削减措施

（一）化肥施用优化

大范围的化肥过量投入在部分区域造成土壤微生物群落失衡，氨气和一氧化二氮等气态排放物随之增多。作物吸收率偏低时，残余养分被雨水或灌溉水带入地下水和河道，也有一部分以挥发或扬尘的形式进入大气，形成潜在污染因子。针对这一局面，需要以精准化施用策略为原则，从作物需肥规律与土壤养分背景入手，充分引入田间监测和测土配方技术。调节氮、磷、钾配比可减少作物所不能吸收的化学元素残留，缓解土壤盐分累积和氨气散发，同时将滴灌、微喷等节水灌溉技术结合施肥环节，避免大水漫灌引起的肥力流失以及挥发性扩散。多角度的信息化管理手段能为耕作主体提供实时的土壤湿度、养分含量数据，指导不同生长期的分时段少量多次施肥方式。若配合深翻、秸秆还田等土壤改良措施，化肥与有机质的相互作用将更好地提升作物根系对营养元素的吸收效率，降低氮素及磷素向大气和地表水的不必要释放。

（二）农药流失控制

高毒性或高残留性化学农药的无序运用让气溶胶在田间及居住区域频繁扩散，部分成分在光照和水汽条件下发生二次化学反应，对作物生长和公众健康构成持续风险。控制农药流失的第一步在于准确识别害虫谱系和病害种类，若能采取更具针对性的用药策略，施药频次与剂量会大幅下降。喷洒方式若由传统的人工大范围喷雾向低容量喷洒、无人机精准喷施转变，空气中农药飘移的浓度就能得到显著抑制。调配抗性基因的绿色品种、引进天敌昆虫或利用物理防控手段也能进一步降低对化学农药的依赖度。完善的农药包装回收与余液处理机制能够最大限度地减少残留废液渗入土壤与水体，从而减轻对下游大气的二次污染。当地监管部门若能设置定点农药使用登记与技术咨询平台，耕作者会在使用剂量及防护措施上拥有更专业的指导，避免盲目性施药导致的环境与健康代价。

（三）有机肥替代推进

化学肥料在速效性层面虽具优势，但大量元素的单一输入难以维系土壤内部有机质含量的动态平衡。有机肥替代方案通过引入动物粪污、秸秆堆肥、绿肥作物等多元养分来源，将碳氮循环和微生物群落活性有效结合。传统堆沤方式若进行生物发酵或高温堆制处理，病原微生物和虫卵数量会得到显著削减，臭气排放也能在发酵过程中被大幅抑制。处理得当的有机肥料与土壤胶体结合后能增强保水保肥能力，减少氨气和氧化亚氮等气态成分直接向大气释放。将有机肥应用于深翻层可推动作物根系与微生物菌群形成更稳定的互惠环境，既可避免表层肥分流失，又可减轻土壤板结和扬尘风险。现代农业技术在这一环节可引入以微生物菌剂为核心的发酵体系，让有机质分解更加充分，进一步提高投入品的利用效率。当地若能推动规模化有机肥生产与农民合作社对接，化肥用量在原有基础上有望实现相当幅度的削减，大气中与农田相关的氨排放及颗粒物逸散问题会得到更合理的控制。

二、过程治理策略

（一）畜禽养殖废气削减

大规模畜禽养殖活动常年积聚粪污与残余饲料，一旦通风与处理设施不足，氨气、硫化氢以及粉尘颗粒会在舍内与周边空间持续扩散。合理设计舍内布局可使粪便排放路径与存储单元形成闭环，避免废气直接排向外部环境。生物滤池或湿式洗涤系统在高浓度氨气条件下有较明显的减排成效，可利用特定菌种或填料促进废气中主要成分的生物分解。添加微生物制剂并对粪污实施定期翻动，可加快有机物的厌氧发酵过程，能够显著降低易挥发性物质的释放速率。高温好氧堆肥技术在部分试点地区已展示出协同削减臭气与病原菌的潜力，为后续粪污资源化利用与土地改良提供了技术储备。建设集约化沼气工程可将原有粪污转化为清洁能源，并在分离渣液时实现固液分质管理，进一步减轻废气扩散带来的污染隐患。通风管理也是改善内部空气质量的关键，养殖棚舍若能结合气候条件灵活调配进风口与排风口，废气滞留的水平会相应下降。少数地区在养殖场附近设立生态缓冲带，通过种植耐氨或耐硫植物，在一定范围内发挥降解与吸收双重作用。多维度的畜禽废气控制措施既可降低生产者面临的环境监管压力，也能守护周边人群的呼吸健康。

（二）农田扬尘抑制

半干旱或风沙高发区域耕作时地表土粒极易松动，大量粉尘在农机具作业下高强度扬起，随气流大面积迁移。深层次预防依赖于土壤结构的改善与作业模式的优化。旋耕深度和频次若能结合土层质地差异合理制定，过度扰动现象会得到遏制，农田表面的团粒结构逐步稳定。秸秆还田与绿肥植被覆盖能为地表提供有机质补给，增加土壤保水保肥能力并降低颗粒离析状况。干旱季节若配合少量灌溉或喷淋措施，将耕地含水率维持在相对适中区间，风蚀与扬尘的强度会相应削弱。农机装备的升级同样值得重视，高效低排尘机具能够通过密闭式作业和排气处理，减少尾气夹带颗粒物。大型机械群体作业时若缺少调度管理，土壤粒子快速悬浮造成短时暴露峰值浓度上升，局部农户面临较大健康风险。分时段、分区域的分割式耕作模式可避免一次性集中扬尘，让土壤颗粒有充分沉降机会。风障林带与防护网在农田与居住区或道路之间能起到削弱风速与过滤尘粒的作用。区域间若能统一规划耕作与灌溉时段，减少重叠作业期间的叠加效应，空气中尘埃浓度将更易维持在相对安全的范围内。将扬尘防控纳入农业补贴或生态补偿领域，对于引导农户采用保土种植、少耕免耕等措施具有现实意义。

（三）交通排放管控

村镇内部道路较为狭窄，老旧柴油车辆通过时尾气与道路扬尘相互叠加，局部微环境的气态污染物和颗粒物含量明显升高。更新动力性能不达标的农用车与货运车辆能够快速减少氮氧化物和烟尘排放，并在日常检修与保养环节确保机油燃烧工况处于最佳水平。建设硬化路面与完善排水设施则能有效降低道路松散尘土的积聚。相对繁忙的村级交通要道若长期缺乏洒水或喷雾降尘操作，大风天或车辆密集出行阶段会迎来粉尘的大规模扩散。交通管控并不止步于路面硬化与定期清扫，一些地区通过利用大数据平台监测车流量与车辆排放状况，并依据排放特征设置限行或分时行驶策略，让高排放车辆在关键农忙时段合理错峰。新能源农业运输工具的推广可以从源头上降低黑烟与氮氧化物排放，光伏充电桩与配套基础设施布局需要区域管理部门合理规划。短程运输任务则可在现有农机合作社平台上实现统筹调度，减少个体小车辆往返频次，也能对车辆类型与油品品质施行统一监管。交通治理与农田作业、畜禽运输、产品销售环节并行推进时，空气质量改善的综合效应更易得到巩固，乡村地域的生态环境能够稳步迈向更加清洁的运行状态。

三、末端排放处理

末端排放处理针对那些已产生的污染物流，力求在扩散到大气之前实现最大程度的拦截与转化。农产品加工、畜禽养殖、秸秆焚烧等源头若已得到基本控制，仍免不了有残余废气残存在工艺终端环节。此时，除尘设备的精准化与高效化便显得格外关键。相比于传统的湿式或干式除尘器，现代改良方案更加注重粉尘颗粒分级分离与过滤材料多功能耦合。借助纳米纤维与新型陶瓷滤膜的组合，可以在气流流速较高的条件下依然保持相对稳定的拦截效率。设计者在考虑降低能耗与减少设备压损时，还会强化除尘器自身的自清灰能力，减少清灰停机过程对工作效率的影响。至于含尘气体浓度发生波动的场景，自动化监测与阀门联动技术能及时调整除尘负荷，使粉尘浓度突变时依旧能保持滤速与压力的平衡。

颗粒物去除只是末端处置的一部分。农业生产或生活燃烧排放常夹杂硫氧化物与氮氧化物，倘若这些酸性气体不断积累，酸沉降与大气富营养化便会愈演愈烈。因此，脱硫脱硝工艺的创新亦不可或缺。过去采用的石灰石—石膏湿法脱硫在工业发电与大型锅炉应用广泛，不过对规模相对较小、废气成分复杂的农村产业项目来说，粉末干式或半干式洗涤有时更为灵活。伴随气溶胶吸收原理的不断迭代，喷雾干燥吸收塔与旋转喷雾耦合装置在低负荷负压环境下能够稳定捕捉大部分二氧化硫分子。氮氧化物去除需兼顾高效与安全，低温等离子体与选择性催化还原技术在一定条件下协同提升效率，不过针对分散式小锅炉或生物质燃烧点源，还需要配合合理的气体流场设计和反应塔结构，才能在资源受限的乡村场景中落地生效。仅靠脱硫脱硝本身，虽能大幅减少酸性气体，但需确保副产物的后续处理渠道畅通，否则含有硫化物或氮化合物的排液会再次污染土壤与水体，可能对村庄生态造成二次冲击。

对某些成分顽固而又难以通过常规氧化还原手段清除的有机废气或异味分子，臭氧氧化技术的介入为末端处理提供了更深层次的路径。高浓度臭氧能与大部分非甲烷总烃或恶臭化合物发生快速反应，产生相对更易分离或吸附的中间产物。若能设计完善的多级接触反应室，废气在内部可与臭氧充分混合，反应时间与浓度梯度得到精准调控，残留污染物的降解率明显上升。随之产生的副产物需要在后续吸附层或生物滤塔中进行二次净化，防止高活性自由基二次逸散。由于臭氧本身是一种强氧化剂，操作不当会对设备材质造成腐蚀，也可能在排放口附近形成新的健康隐患。为此，技术细节必须针对乡村小规模应用场景进行改造，对混合比和停留时间实施全流程监控。某些试验研究表明，将低温等离子处理与臭氧氧化耦合起来，能在较低能耗条件下同时削减多类挥发性有机化合物及臭味因子。农村产业链若能借助这类多元净化流程，基本可在废气扩散前实现对大部分有害成分的有效去除。综合衡量资金与环境收益后，那些具有生物质资源化潜力的村域也可优先尝试末端净化与中间回收的耦合模式，让除尘、脱硫脱硝以及臭氧氧化在各自适用的细分环节相互补位，从而为乡村生态环境留出更大修复与发展的空间。

四、燃烧过程改进

村庄内部常见的柴薪、秸秆、散煤等燃料在使用过程中排放出大量烟尘与有害气体，微观层面的不完全燃烧残留物隐藏于室内和院落。长期暴露在此类环境中，呼吸系统与视觉黏膜经受强烈刺激，农户在居家和耕作时的健康损耗逐渐显现。部分地区依赖传统炉具和简陋火灶,燃烧效率偏低,一氧化碳与可吸入颗粒物浓度随之升高。紧迫的现实状况与日益凸显的环保诉求形成矛盾,需要更系统的燃烧过程改进方案,以缓解烟尘堆积与温室气体排放的双重压力。研究视角不仅包括炉具本身的技术革新,也涵盖农村剩余物资的集中处理与前沿生物质能源的挖掘,期望在经济可行的框架下为村落的清洁生产模式奠定坚实基础。

节能炉灶的普及被视为减排与健康保护的关键一步。金属热交换结构与高效燃烧室的结合,让柴草或散煤在相对高温且均匀的氧化环境中更彻底地释放热能。明火直排逐渐让位于封闭式炉膛,气流设计与二次补氧模块强化了燃烧过程,余烬和焦烟产生的概率相应下降。此类炉灶若能搭载余热回收装置,灶台上多余的热量还能被储存,用以保温或加热水源,减少资源浪费。投入成本与耐久性之间的均衡难以一蹴而就,但在家居环境持续受到烟熏影响的情形下,农户逐渐意识到健康账本与经济账本的相互交叠,通过与技术人员的多次互动,对高能效炉灶的接受度不断提高。若因地制宜地采用多层隔热和可调进风口的设计优化,能够在寒冷季节兼顾取暖与烹饪功能,并在高海拔或高寒地区维持燃料适用性,让燃烧效率再向更高层次迈进。

大范围的秸秆焚烧屡见不鲜,爆发式燃烧阶段的烟尘遮天蔽日,直接威胁附近村镇的能见度与村民的呼吸健康。收获季节一旦气象条件相对静稳,污染物难以及时扩散,灰霾与有毒气体在低空徘徊的时间段骤然延长。为改变这种困境,集中化与规模化的秸秆综合利用成为必不可少的应对思路。统购统销模式在一些产粮区试行后,收集到的秸秆被送往生物质电厂或专门的固化成型燃料加工厂,减弱了田间直焚的冲动。农户将秸秆视为回收品,而非废物,能够在经济收益与环境效益之间找到平衡点。偏远地区若无法立即联通大型收储体系,也能尝试分户或合作社方式的小规模堆肥与发酵处理,辅以简单的绞碎与打包设备,让散落各处的农作物秸秆得以相对有序地流转。空气质量在此过程中发生显著改善，并为下一步的生物质能源开发预留了原料基础。

秆只是一部分生物质原料，另一些农林废物以及畜禽粪污也具备一定的发酵潜能。有机质丰富、含水率适宜的生物资源通过厌氧消化或热解气化的路径，在不同温度与压力条件下转换成沼气、木醋液或合成气，后续再进一步加工成清洁能源或副产品。依托本地化的小型沼气工程能将粪污与秸秆混合发酵，产出的沼气可作为炊事燃料或小型发电机组的动力来源，一定程度上替代传统化石燃料。热解气化炉在温度和氧供应的精准控制下，将农林废物转变成可燃气与木炭，所得生物炭又能还田或用作土壤改良剂，实现农业生产与能源利用的闭环循环。这些流程若能配合低排放的尾气处理装置，排放出来的烟尘与气态污染物总量将显著减少，不再像传统焚烧那样排放大量挥发性有机物与细颗粒物。前期投入或许较高，但一旦形成产业链，后期运行与维护的收益将会逐步显现。

生物质能源开发不仅局限于技术层面，还关乎社会经济结构的深层变革。分散且小规模化的村庄区域面临建设资金与技术人才不足的问题，如何将生物质燃料的生产、储存、转运和消费环节串联起来，需要地方政府、金融机构与合作社实现多方协调。村民在接受新型能源方案时，往往担心成本居高不下或设备运行不够稳定。若能将生物质能与光伏等清洁能源的集成利用纳入补贴或优惠政策体系，经营主体与使用者的积极性会有显著提升。技术研发机构在合理布局生物质技术示范点方面也承担着推动责任，通过在重点种养区和特色农林区建立试验基地，向当地输出成熟的气化发电或固化成型技术，让燃烧过程升级的成果在更广范围内落地。

燃烧过程的改进是一条漫长而又必经的道路。炉具的迭代升级有机会带动生活方式的绿色转型，农作物残余物的集中化利用能有效削减季节性的严重污染，深度的生物质能源开发则进一步为农村经济赋予创新驱动力。多种技术路径之间既存在互补关系，也须在实际推广中因地制宜地安排先后顺序。资金、资源与政策的耦合程度往往决定了燃烧过程的改进成效，需要强化区域间的合作机制与综合示范工程，才能在生态效益与社会效益之间取得持续的平衡。烟尘与废气的排放被系统化地管控以后，乡村人居环境逐渐摆脱了灰蒙的空气与刺鼻的异味，健康指数和生活品质也随之上扬。潜在的低碳机遇还会吸引新兴产业与创业者将目光投向乡土，形成可持续发展的正向循环，为农业与生态并重的农村未来铺就更为明朗的道路。

五、替代技术推广

推动替代技术在乡村领域的规模化应用，需要立足于清洁能源示范、节能设备普及与低碳技术创新多元方向，形成兼顾成本与效率的综合路径。清洁能源示范的开展使能源结构逐步摆脱对高排放燃料的依赖，太阳能光伏、风能与地源热泵在实践层面已展示明显减排成效。外部资金和政策扶持在初期投入中至关重要，技术服务团队通过专业咨询与运维培训，让村民克服安装和操作难题。某些地区尝试分布式发电系统与储能模块，家庭或合作社能获得较稳定的电力来源。节能设备在减排方面同样关键，农户若替换老旧农机或高能耗加工设备，日常耕作与农产品初加工环节的排放会下降不少。室内照明若配合 LED 与智能感应开关，能使电力损耗与热量浪费同时降低。让不同类型的农户切实感受到这些改进的经济价值，需要结合示范点的实证数据循序引导，缓解对新技术成本与维护的疑虑。

低碳技术创新更偏重长周期的结构优化，涉及循环农业、碳捕集与生物质燃料深加工等领域，为农村生态环境提供减排与增收的双重动力。若能协调科研力量与市场机制，把前沿成果融入当地产业链，往往能在农业生产、能源供给与废物处理的交汇处形成可持续增长点，从而推动乡村振兴走向更稳健的绿色转型。

第三节　农村空气质量监测技术分析

一、监测指标设置

（一）颗粒物浓度观测

村庄大气环境通常包含可吸入颗粒物与超细颗粒物等多种粒径分布范围，不同大小的悬浮颗粒在散射光学特性、沉降速率以及健康损害潜力方面展现显著差异。监测人员在考量颗粒物浓度时，往往借助滤膜采样、光散射测定以及 β 射线吸收等技术手段，通过分阶段、分地点收集空气样本，并对采集到的颗粒物总量加以精准定量。部分研究基于自动监测设备，实现连续性的颗粒物质量浓度或数目浓度观测，为后续的污染成因分析与暴露风险评估提供实时数据支持。滤膜采样需要配合流量控制系统，确保特定时间段内的采样体积恒定，并在实验室对滤膜前后质量进行精确称重，从而计算大气中颗粒物的总体浓度水平。对相对较小的纳米级颗粒，更灵敏的监测策略倾向于使用超声撞击器或电迁移分类系统，帮助区分粒径范围，从而揭示农村空气中复杂颗粒的组成结构。若能在预先布点的多个监测站点实施同步采样，结合风速风向和地理信息参数，可以追踪扬尘与燃烧源等局地排放热点，进而掌握颗粒物在田野、村落与道路沿线的传输路径。结合不同时段的观测数据，也可评估田间耕作或秸秆焚烧等典型活动对颗粒物浓度波动的影响幅度，让决策者在制定抑尘或焚烧管控策略时拥有更充分的证据基础。

（二）气态污染物检测

乡村空气中的气态污染物具有时空异质性，二氧化硫、氮氧化物以及挥发性有机化合物的浓度分布与农业生产活动、燃料类型和地理气候条件存在紧密联系。二氧化硫的监测常采用紫外荧光法或脉冲紫外荧光监测仪，通过检测特定波长下的荧光强度差异来推断不同浓度范围。氮氧化物检测往往依托化学发光法，利用臭氧与一氧化氮之间的快速反应来生成发光信号，再借助光子计数器对发光强度进行量化，得出 NOx 的浓度值。挥发性有机化合物监测难度相对更高，需要考虑其成分多样性和低沸点特性，因此热脱附—气相色谱—质谱联用技术与质谱法在相关研究中频繁出现。对总挥发性有机物（TVOC）的在线监测可帮助发现烹饪油烟、农药喷洒和农作物发酵过程中的气态排放特征。湿式化学分析与离线采样也提供了一种更经济的补充手段，能在功能站点进行定期检测，辅以高灵敏度的实验室测试设备，获得农户日常生产生活排放特征的时段分布及超标频率。当地管理若掌握气态污染物的主要贡献源，就能在立法与执法层面有的放矢地制定更为灵活的防治措施。

（三）重金属成分分析

农村空气中常出现铅、镉、砷、汞等重金属元素的痕量存在，来源包括化石燃料燃烧、农药与化肥使用，以及各类工业排放的传输沉降。重金属往往与颗粒物结合紧密，既可能吸附于大颗粒表面，也会富集于更微细的 $PM_{2.5}$ 乃至 PM_1 之中，从而增强对人体呼吸道与血液循环系统的潜在威胁。在监测实践中，采集到的颗粒物样本常需运用酸消解或微波消解方式将金属组分转化为可检测试剂，再借助电感耦合等离子体质谱（ICP-MS）或原子吸收光谱仪进行定量检测。消解过程需谨慎控制操作温度与酸液配方，避免待测元素在前处理阶段出现损失或交叉污染。从环境地球化学角度的研究则会进一步运用同位素标记，以区分自然背景值与人为活动产生的金属来源，为区域重金属污染溯源及健康风险评估提供更高精度的参考。对采样点的分布若能覆盖耕地边缘、农机作业区以及村庄主要通道，便可直观反映交通排放与农业投入品使用对重金属含量的影响幅度。在时间序列上，稻麦轮作季节更容易出现短期内的铅或镉超标情况，与燃油机具的集中使用和肥料施用时段高度吻合。通过多种分析仪器的协同互补，重金属组分在农村空气中的丰度水平与空间格局逐渐得以明晰，后续对于健康干预和土壤修复策略将更具科学依据。

（四）臭氧水平评估

臭氧在对流层内扮演复杂角色，适度浓度可削减部分有机污染物，却在超标时成为植物与人类健康的威胁因素。前体物主要来自工业和交通的挥发性有机物（VOCs）与氮氧化物，这些源头在农村若与农药挥发和生活燃烧过程相叠加，臭氧的二次生成速度就会显著提高。监测臭氧既要测量其浓度变化，也需观测前体物，才能判断是否处于挥发性有机物受限或氮氧化物受限的生成机制。常见方法包括紫外吸收与化学发光等在线检测技术，获取高时间分辨率数据之后，结合气象要素（如辐射、温度、湿度）才能构建更加完善的成因模型。光化学过程中存在区域传输效应，局地排放减量若得不到周边地区协同配合，臭氧浓度仍可能在高温烈日下飙升。农村与城市地带交界区的混合排放背景尤为复杂，应依托遥感观测与地面站融合的技术，为臭氧时空分布画出更细致的图谱。农作物受高浓度臭氧伤害后往往出现气孔关闭、叶斑增多以及光合作用效率降低等现象，因此监测应在生长季更加密集地进行。比对历史数据可帮助捕捉长期趋势，若持续超标，防控策略需从压减前体物排放到农事习惯调整等诸多层面综合施策。深入研究臭氧与气溶胶共同影响下的复合污染过程，是当前农村生态保护与农业高质量发展的关键课题，也为精准监测带来了更高要求。

二、监测方法分类

（一）实验室离线分析

采样滤膜与溶液吸收法常被用来捕捉大气中的颗粒物和气态污染物，随后通过重量测定或化学分析得出其浓度水平。田间采样的过程与气象因素息息相关，风速、湿度和温度在高频波动时，会影响样品的代表性与完整性。离线模式允许研究者采取更灵活的实验室处理手段，对多种组分展开深度剖析，比如，采用高分辨质谱技术检测痕量有机物，或者利用离子色谱分离二次无机盐类，从而追溯潜在的排放源头。数据获得后若想准确评价污染物通量，需要将采样时间与流量、环境干扰因素纳入校正模型。短时或突发性事件往往被瞬变气象条件放大，离线采样若缺乏实时响应能力，易低估峰值污染的危害程度。不过，由于检测精度和多组分解析的深度较高，离线方法仍是大气污染研究的重要基石。

分区域对采样点位进行差异化布局，可扩大空间代表性，让后续实验室测试反映出河谷、丘陵或平原等不同地貌下的组分谱变化。某些研究倾向于跨季节、跨年对样品进行批量离线分析，以捕捉长周期演化趋势，借助统计学手段或机器学习算法识别显著性特征。不同形态的污染因子若在实验室中经过统一标定，能为全域监测体系的构建提供关键基线。离线分析往往时间与成本投入相对较高，农村地区若想大范围部署，需在经费、技术人员和实验室能力等方面做好统筹。借助高校或科研机构的定点支撑，才能让农田和村落空气数据不被采集盲区与分析偏差所困扰，也为后续精准治理与环境监督提供扎实的科学依据。

（二）在线自动监测

在线自动监测基于连续化的采样与传感系统，依靠光学、化学、电化学等多维度原理实时获取空气中多种污染物浓度。监测仪器常被布设在固定站点或移动平台上，每隔几分钟甚至几秒就能输出最新数值，波动幅度与极端峰值得以被完整记录。农户区间若存在频繁的秸秆燃烧或突发施药行为，在线系统能够捕捉到极速升高的 PM2.5 和氨气指标，便于后续针对性处置。某些设备还具备自动校准功能，利用标准气源或内置参比模块修正读数漂移，让数据质量更具稳定性。数据流入后台服务器后，算法可对历史曲线作实时比对，发现异常就能触发预警机制，为地方管理部门在干预时段和强度上的选择提供决策支持。不过，在线监测站的前期采购成本和后期运维费用均相对高昂，且传感器老化或环境干扰会带来精度衰减，需定期检修和更换关键部件。若能与区域网格化布局相结合，大规模的在线网络监测或许会在农村空气质量评估里形成全新的动态感知模式。

（三）远程遥感探测

大气遥感主要借助地基、机载或星载平台，通过电磁波反射与辐射特征识别污染物分布。卫星影像能在较大空间尺度上描绘大气气溶胶光学厚度、二氧化硫柱浓度以及二氧化氮等气体的浓度分布格局，对比地面点位数据能够初步锁定高值区与输送通道。若辅以飞机或无人机载的激光雷达，垂直剖面信息也能被实时捕捉，描绘出污染层高度随风场的变化轨迹。遥感图像处理离不开大规模数据的校正与反演，地基观测站提供的真实测量常被视为重要参照，保证反演算法不被云层、气溶胶类型差异或太阳高度角变化所误导。跨季节或多时相的遥感数据可对监测盲点地区形成补充，帮助锁定潜在污染源在昼夜间出现的扰动规律。

遥感技术在农村景观多样性与地形破碎度下也遭遇一定挑战。山谷地带、建筑密集区或者地表反射率剧烈起伏的地方，仪器信号极易受杂散光或地物特征影响。雾霾天的气溶胶成分呈现较强吸收或散射作用，算法若无法准确区分不同类型粒子，所得浓度反演值有可能与真实值相差较大。传感器分辨率对于细颗粒物和小规模面源排放的识别也有一定局限，因而，深入开展地空协同观测、搭建卫星—飞机—地面多维联动系统至关重要。基于遥感的区域评估通常搭配数值模式模拟，以便洞悉污染物跨区域传输的时间节点与路径。整合高质量的遥感大数据后，决策部门可以识别重点污染带、制定更具针对性的监管方案，在山水田园交织的乡村环境里精确定位问题所在，为可持续的空气质量提升筑牢数据与技术支撑。

三、监测设备优化

（一）便携式采样器应用

便携式采样器在偏远村镇的空气质量测定中具有不可替代的灵活性，却也面临采样代表性与数据稳定性的双重挑战。体积较小与电池供能虽然便于野外作业，但风速突变和环境温度波动会干扰流量控制，导致即时读数与真实排放水平出现偏差。部分区域为了快速应对季节性焚烧或农药喷洒带来的突发峰值，往往需要多点布设便携式采样器进行应急监测。然而，如果采样头口径与滤膜材质不匹配，或是采样流量没有根据气压差异进行实地校准，数据偏误的累积就会削弱对短时高浓度暴露的准确评估能力。研究人员在使用便携式设备时常借助在线调校模块或气象站的同步记录，尽量减少日照、湿度与风向骤变带来的不确定因素。

这种移动式监测手段也为村落内部微环境的精细刻画提供了新的思路。固定站监测往往只能收集主干道或居民密集区的平均值，难以捕捉分散农户或田间作业点的真实状况。便携式采样器既可随身携带，穿梭于不同耕作区，也能跟随农机车辆完成沿途监测，将局地排放源与人口活动轨迹映射到统一的地理信息系统中。由此诞生的大数据交互平台，若能与简化的源解析模型联结，便能够对村庄空气污染"热点"与临时高排放带形成快速捕捉，并在第一时间通报给乡镇管理部门。这类应用场景强调对设备硬件的耐久性考量，机身需满足较大环境温差与灰尘入侵的防护级别，传感器组件必须具备易维护、可更换的特征，一线人员才能在相对简陋的条件下实现稳定运行。

面对多类型污染物共存的复杂环境，便携式采样器亦需要在传感器模块选型上慎之又慎。常规的颗粒物检测可能难以兼顾气态污染物的测量，而有机挥发物或氨气的传感元件对于湿度敏感度较高，需要额外的温湿度补偿算法。若要采集重金属或持久性有机污染物，还要预留足够的滤膜前处理与存储空间，以防止样品暴露于高温或阳光下导致分解失真。某些新一代便携式采样系统开始内置无线数据传输模块，利用低功耗广域网将监测结果实时上传至云端数据库，为后续的远程质量控制与数据建模提供可能。将这些创新元素整合在一起，才能让便携式采样器在农村空气质量监测的舞台上承担更系统化的角色。不断迭代的硬件设计与软件算法，需要与本地环境特征紧密结合，唯有如此，才能让"移动监测"真正在乡村生态保护与精准治理中发光发热。

（二）多通道监测系统整合

多通道监测系统整合的核心在于利用多种感测手段的协同作用，针对多形态污染源与多维度环境变量进行同步化采集与综合分析。单一路径的监测往往陷入时间或空间精度不足的难题，而多通道策略使气态污染物、颗粒物乃至重金属与有机污染物的检测能够在同一平台实现跨通道互补。集成型采样器若能将光学、化学、电化学、离子迁移谱等多种原理的探头有效串联，不仅能够降低对单一设备的依赖，还能为后续的数据融合提供高密度的原始素材。当农户在不同时段或生产活动中产生差异化排放，监测系统通过多通道并行检测可第一时间锁定参数异常点位，识别污染飙升的潜在诱因。若配合气象监测仪与 GPS 定位模块，系统将形成时空关联度更高的监测矩阵，为污染源解析与应急响应奠定更为全面的基础。但多通道并行也意味着在硬件、软件、传输与运维层面面临更高复杂度。数据时钟的同步问题若得不到良好解决，可能出现不同通道记录的时间戳错位，使后续融合分析偏离实际排放行为。部分高灵敏度探头对于环境温湿度具有强烈响应，调整校准曲线时需要结合通道间的相互影响，避免交叉干扰造成读数漂移。在气体与颗粒物同时测试的情况下，传感器布局需要兼顾管路流向和取样口避让，以免粉尘沉积损坏某些精密元件，也要警惕化学反应性物质在管路中产生吸附或二次反应，扰乱检测结果。数据传输同样要确保带宽与速率适配，不少农村地区网络基础设施相对薄弱，多通道系统同时上传海量信息或许会遇到通信瓶颈。若技术团队能在本地进行初步数据压缩与去噪处理，再将关键参数与结果性指标定时传送至远程数据库，这将兼顾系统运行效率与监测时效性。

整合模式还需考虑兼容不同品牌、不同代际的检测模块，采用统一的数据协议与设备管理接口至关重要。对于分散村庄与跨区域的协同监测项目，多通道系统最好依托可扩展的物联网架构，预留足够的传感器接入端口，便于后续增加新的采样通道。必要时可引入人工智能算法进行多源数据关联，识别潜藏的污染扩散模式。通过在云端或本地服务器执行模型运算和可视化分析，研究者能发现某几种污染物的同步升高暗示着何种排放事件。每条监测通道之间不仅是数据的并行存在，亦可在逻辑层面相互印证与校正，为整体监测网络提供更稳健与深入的决策依据。伴随着农村环境监管需求的日益迫切，多通道系统整合能在最大程度上贴近现实的复杂性，也为精细化管理与生态修复策略铺设了技术通路。

（三）智能化监控平台部署

基于物联网与云计算技术的监控平台，为农村空气质量监测布置了全新的智能化方案。实时采集各类传感器数据之后，系统利用分布式数据库与自动化算法进行多维信息交融，对污染源异常放大与峰值区间开展快速预警。统一接入的可视化界面将原始记录与统计分析相结合，使管理者与研究人员不必在众多数据点中盲目寻找关联。若配合移动终端或微信小程序等推送方式，村民在发生焚烧、泄漏等突发事件时能立即收到防护提示，从而更好地应对局地污染。精准化数据挖掘还可针对重金属含量与气态污染物阈值变化作出个性化诊断，将后续治污投入聚焦到最急迫的情境。安全层面则需加强身份认证与数据加密，防范非授权访问干扰监测系统的稳定性。智能化部署并非一蹴而就，平台运维与算法迭代都需基于乡村实际需求，在保证准确性的前提下兼顾成本与易用性。当监测精度与管理流程协同提升，生态效益与社会价值的双赢局面将在农村地区逐步落地。

四、数据处理流程

（一）样品采集规划

大气样品的采集环节若缺乏系统思维，后续分析与结论易受到随机偏差干扰。研究者在拟定监测方案时，往往需要前置考量村庄地理格局、生产活动周期与气象要素的交互效应。耕地与居住区的空间交织使大气污染呈现点源与面源同时存在的特征，当农耕季节或农忙时段到来，部分污染因子会骤然攀升。因此，样品采集的周期与时段设置应力求覆盖潜在排放高峰期和相对平稳期，以捕捉真实的日均或月均暴露量。若试图探究秸秆燃烧带来的瞬态高浓度问题，就需要在农田与村落过渡带预先布设多点采集装置，执行更高频次的短周期监测。典型站位既包括交通要道与集市，也可延伸到养殖区周边，形成网格化立体覆盖。若考虑到山地或水网地形的特殊性，还需根据实际地势向高坡、河谷或湿地区域拓展取样点位，以免遗漏关键传输通道。

采样设备的选型同样影响采样数据的质量。便携式采样器虽能机动化应对突发事件，却要求在流量和温度校准方面更为谨慎。自动监测站具备连续性，但在检测精度与灵敏度上通常只能针对固定指标。若想兼顾多种污染物的采集分析，需要在通量测定、滤膜材质与吸收液种类等方面做好前置设计。吸收塔或化学吸附管的放置位置与高度应结合当地人群活动水平面，某些农事场景下则可选取作物高度或农机排放口作为参考。采样频率若能与气象观测保持一致，便于追溯风速、风向和温湿度等气象要素对污染浓度跃升的具体影响。执行过程中需对采样仪器及时清洗校准，尤其在尘土飞扬或高湿度场所，更要留意管路堵塞和微生物滋生。有了科学合理的样品采集规划，整体监测网络才能获取具有稳健代表性的原始数据，为后续分析与决策提供坚实依据。

（二）实验分析流程

空气样品进入实验室后往往先要进行预处理，再经过特定仪器或试剂体系进行定量或定性分析。颗粒物的滤膜样本若存在可见油污或大颗粒碎屑，需在恒温恒湿室中进行充分干燥与称重，保证后续质量法检测的准确性。对于富含无机离子的样本，离子色谱常被用于分离并测定硝酸盐、硫酸盐及铵离子等成分。若要分析重金属含量，需要进行酸消解或微波消解，将颗粒物中的金属离子转化为稳定形态，之后才进入电感耦合等离子体质谱或原子吸收光谱仪进行检测。气泡吸收或固相吸附后常将吸附液送入分光光度计或气相色谱仪。若涉及挥发性有机化合物，还需根据目标物的极性与沸点设置色谱条件，必要时结合质谱进行分子结构确认。检测过程中若没有严格执行空白实验与校准程序，任何仪器都容易在灵敏度与专一性上产生额外干扰。规范的实验分析流程需全程记录试剂批次、校准曲线、仪器运行状态，并在实验室质量控制体系的支撑下对分析误差进行评估。

（三）数据校准模型

数值校准与质量控制是大气监测数据转化为准确结论的关键环节。离线采样往往面对风速、温度与相对湿度的瞬时波动，若没有在后期利用修正因子进行纠偏，就会出现浓度值系统性偏移。光学传感器或电化学传感器线上检测时同样受到交叉灵敏度困扰，比如，氨气通道可能对硫化氢产生响应，导致测值明显高于真实水平。对于这些多源误差，先要在实验室标定与现场校准中分别获得干扰系数，然后将传感器读数与标准值作多元回归或偏最小二乘法拟合，提取校准方程中最适合不同温湿度区间的参数。此外，传感器漂移随时间累积而发生，仪器若长时间运转在高负荷或高污染条件下，灵敏度衰减可能大大超出出厂说明书范围，必须通过定期重复检定来校核漂移量并做校正。

在误差处理层面可应用卡尔曼滤波或马尔科夫链蒙特卡洛方法，将单次测量的瞬时波动纳入时序分析，让尖峰值与背景噪声得到区分。对于海量数据的点对点校准，人工检查耗时巨大，可结合机器学习技术挖掘校准参数与气象条件或生产活动之间的潜在关系。随机森林或极端梯度提升等模型有望在多维特征空间里自主学习干扰模式，减少手动建模的局限。在线数据校准时常需借助低功耗芯片和无线通信，为数据处理带来严格的运算与内存约束。方法学上也要考虑不同污染物之间的耦合效应：当PM2.5出现异常飙升时，可能同一时段二氧化硫或挥发性有机物也会发生变化，若不将这些协同参数纳入校准程序，会出现"独立修正"后的残余偏差累积。通过动态权重分配与多级迭代校正，数据准确度和数据拟合度可在有限资源下取得平衡。若能在采集端与云端之间形成双向交互，设备故障或极端环境干扰会第一时间被侦测并反馈修正。基于严谨的数据校准模型，观测值与真实排放水平之间的偏离显著缩小，为后续污染源解析、环境监管和健康风险评估提供高质量的基础数据。

（四）结果统计评估

完整监测项目往往生成多维度、大容量的数据集，需要在统计评估阶段对外来点、异常值以及分布特征进行系统性检验。常规可采用描述性统计来获取总体均值、中位数与标准差，为污染物在不同季节或区域间的差异提供直观对比。若想深入探究气象要素与污染浓度的相关性，皮尔逊或斯皮尔曼系数能在一定程度上量化线性与非线性关系。群组分析与主成分分析则可帮助识别若干组分之间的潜在依存网络，进而追溯相似污染源或时空模式。最终评估报告可结合地图可视化或时序曲线，以图表的形式呈现关键发现，为政府部门和学术界提供决策支撑与方向指引。只有建立在高质量数据与严谨统计之上的结论，才有足够的说服力引导后续空气污染治理与生态环境修复的有效实施。

五、监测结果应用

污染源排放清单的编制需要在监测数据基础上对各类排放活动进行系统甄别与定量表征。农田施肥、秸秆燃烧、畜禽养殖与交通运输等源项所释放的污染物并不相互独立，而是通过大气扩散与化学反应形成复杂的传输网络。监测结果若能结合 GIS 空间分析与遥感影像解译，便能更加精细地定位排放地块与时间窗口。编制清单时须兼顾污染物种类与排放强度的动态变化，利用实测数据与排放因子模型进行交叉比对，并在不确定性评估环节量化数据缺口与潜在偏差。清单若能在定期更新和公众监督中保持透明度，后续的政策制定与责任划分会更有针对性。

空气质量趋势预测依赖对时序监测数据的系统整合，既需考量污染源活跃度的周期性，也要捕捉极端气象条件对污染累积的放大效应。监测平台若能提供小时级或日级的数据分辨率，统计模型与数值模式便能识别出关键转折点与季节性规律。当气象场发生显著变动，即使排放源保持恒定强度，也会在扩散条件的干预下使浓度曲线呈现意料之外的起伏。若将本地实测值与区域乃至全国尺度的大气传输模式相对接，能更清晰地掌握跨区域污染的时空分配，作出更具前瞻性的趋势研判。

治理措施的效果评估不应仅局限于简单的前后数据对比，而应融入多指标、多阶段的综合考量。部分措施着眼于源头削减，部分措施着力于过程抑制或末端处理，在干预力度与时间跨度上彼此不同。监测结果只有与政策执行细节、气象异常及社会经济变化因素配套解读，才能准确拆分各措施在浓度下降与峰值削减中的实际贡献度。评估框架若能纳入健康风险与生态效益两个维度，会为后续资源配置与政策优化提供更全面的论据。

长期推行源清单、趋势预测与效果评估的互动循环，可使大气污染防控更加精准。排放清单与更新后的预测模型若能够实时交流，便能提前预判哪些源项在特定时节或产量激增时成为主要威胁，也能通过后评估机制及时纠正过度管制或缺乏手段的问题。农业、交通与工业等多元领域的协同在数据共享与互动监测中持续深化，既能为社会提供更健康的生活环境，也能助力农村产业在清洁生产与可持续生态的双重目标下稳步前行。

第四节　农村大气环境综合治理措施

一、法规制度需不断完善

许多农户在面对秸秆焚烧或散煤燃烧引起的烟尘困扰时，希望能找到更加长久而有效的解决方案。仅靠临时性引导或口头告诫往往无法改变乡村多年累积的惯性生产方式，因此需要从法规制度入手，为大气环境治理提供系统化的约束和激励。法律条款若能精确识别农村多重污染源的特质，明确在畜禽养殖、耕作施药与锅炉排放等环节的责任归属，便会让当地政府及村级组织在执行中有所依据。对于主观故意或反复违规的情形，法律本身要预留明确的处罚梯度，以便在初犯时就能进行警示和矫正，而非等到问题严重才采取严苛手段。在这一基础上，村民也能逐渐理解，减少焚烧与不合理排放并不是简单的"一刀切"，而是保障耕地可持续利用与人居环境舒适度的重要前提。

执法手段若要真正形成威慑力，不能只依赖常规的"站点检查"或"固定监测"。农业生产与农村生活往往具有高度的时空分散性，突击性的秸秆焚烧或排放高峰时段稍纵即逝，倘若监管人员无法及时赶到现场，法律的约束效果就会大打折扣。因此，更灵活的监测手段和更主动的信息披露机制显得尤为关键。比如，通过移动监测设备或无人机巡查，能快速捕捉非法明火或异常浓烟的信号，第一时间联动乡镇执法队伍赶赴现场。与此同时，依法将环境监管信息公开，也能赋予村民一定的监督权利，鼓励大家在发现违规行为后通过多种渠道及时举报。真正有效的监管，还要求执法部门能在普法和帮扶并行上投入更多精力，让农户切身感受到守法带来的长远收益。

在强化日常监管之外，还需要有一套透明且高效的责任追究制度，为大气污染事件的善后与赔偿提供法律依据。过去在农村地区，如果发生了严重污染事件，往往难以在短时间内厘清责任方是谁。管理主体与排放者之间的信息不对称，常导致问题被层层推诿，最终不了了之。为了避免这一局面，从法规设计之初就要强调排放主体的可追溯性。无论是农用地使用过程中产生的大气排放，还是养殖场规模化经营带来的废气逸散，都应有完善的登记备案与源头标识。连带责任的设定也不能只浮于字面，而要通过行政或司法程序确保任何导致公共环境损害的行为都能受到及时而公正的处置。这样的追究体系一旦建立，监管部门就拥有了更充分的底气去督促各方遵规守法。

法律的威力终究还是要依靠民众的认同与参与。对相当数量的村民来说，大气治理法规也许显得陌生或过于专业，需要从根本上让大家意识到保护环境不仅关乎行政指标，更与自身健康和经济收益息息相关。在农村结构较为分散的现实条件下，依托村民大会、农业技术培训中心或社群网络平台开展普法教育能够起到显著效果。除此之外，不少农村地区都有成熟的乡规民约传统，如果能将大气污染治理的理念融入独具当地特色的自治规程中，或把守法与村庄公共福利相结合，法治的外在约束就会和村民的内在自觉产生正向共振。由此，法规制度不再只是硬性条文，更像是一把"保护伞"，为所有关切乡村生态与长远发展的个人和组织提供安全感和行动指南，也为农村大气污染的综合治理奠定了坚实而稳定的基石。

二、经济激励手段

将排放行为纳入收费范围在减缓农村大气污染方面一直备受关注。习惯于低成本或零成本处理农业废物的生产者，往往对空气污染造成的外部性缺乏直观认识。排放收费可以在制度层面揭示真实的环境代价，使耕地施肥过量或秸秆露天焚烧等行为不再被视为"无本之利"。综合评估当地土壤承载力、大气扩散条件与农村产业结构后，若能合理设计收费标准，并将排放总量与收费额度挂钩，就能在生产者心中形成明显的经济信号。重复性或高强度排放所面对的日常成本支出会迅速累积，从而倒逼其主动寻求减排手段。一些地区将收费与补贴相结合，返还给遵循环保规范、积极探索清洁能源替代的农户或企业一定比例的费用，既能维持收费本身的激励效果，也会在无形中培育更广泛的环保意识。地方政府则能将收取到的排放费用再次投入环境监测设备或技术推广项目的开发推广，从而在公共财政层面形成闭环，保障农村生态治理能够持续向前推进。只要在公开透明的制度环境下严格执法，这种经济杠杆对改变农业面源污染的粗放模式就会起到切实作用。

税收优惠的导向功能更容易被外界低估，事实上，差异化的税收减免在环保产业培育和绿色技术普及中举足轻重。调整企业所得税或增值税税率，让致力于大气污染防治和生物质能源利用的机构能够更快积累技术研发与市场推广所需的资金，能够消解不少产业初创期的风险。这种灵活的扶持政策也能鼓励更多科研单位、企业家与合作社深挖具有区域特色的减排潜力，比如，针对季节性秸秆焚烧难题，可以形成从秸秆收储、固化燃料加工到生物质能发电的完整循环，使原本废弃的农作物残渣在经济和生态层面都展现出新价值。为使税收优惠契合农村生产方式的现实差异，政策制定需要基于当地农作体系的特点设定"门槛"。仅对那种切实落地，并能在监测数据上展现污染减排成效的技术方案实施减免，能有效避免资源错配或财政浪费。在长距离运输环节中，传统柴油车与新能源车之间的税收待遇差异也可以带动物流行业主动向清洁化转型，从而减少交通环节的氮氧化物与颗粒物排放。实践表明，税收减免策略若采用动态评估和定期调整，就能把"只拿优惠、不管成效"的投机行为挡在门外，确保公共财力真正流向优质项目。政府部门在这一过程中需注重绩效评估，通过在监测数据中提炼关键指标，追踪每项税收优惠背后的真实环保收益。部分地区还探索在税收政策中融入生态补偿理念，即对主动作出减排贡献的群体进行额外的额度减免奖励，让他们在地域经济发展中享有更多积极回报。一旦成功积累可供复制推广的实践样本，其他村镇则能快速借鉴并优化自身的税收激励方向。这种基于实际减排效果而不断迭代的优惠机制，既能打破地方财政与环保支出的"两难"矛盾，又能将农业面源污染与畜禽养殖污染逐步纳入系统化的治理轨道。借助灵活多变的税收工具，农村大气环境保护能够获得更坚实的制度支撑，许多原本无处施展的新技术与清洁模式也会因此迎来大规模的落地机遇。

绿色信贷扶持则在资金链层面补足了农村大气治理的关键一环。相当一部分环境友好型项目需要大额初始投资，却往往难以在传统的贷款审批流程中获得足够额度，或者只能承担高昂利率，因而陷入"想转型却没资金"的窘境。若金融机构可以参考项目的潜在环境收益、排放削减量等指标，对清洁燃烧技术、低排放农机具或畜禽废气处理设施予以专项贷款支持，便能让这些带有社会效益属性的项目在市场中赢得一席之地。银行或相关投资机构在评估风险时，一方面要了解项目的商业可行性与用户需求，另一方面也得把大气治理的中长期效益纳入综合考量。

如果地方政府能够在信贷条款上给予一定利息补贴或财政担保，农业合作社就无须再担心超出自己承受能力的前期投入。只要定期核查项目的环境绩效和财务运转状况，就能把资金流更多地引导到能形成真实减排效果的方向上。经过数年滚动积累，一批借助绿色信贷完成改造升级或新建的环保项目在村镇层面就会逐渐形成良性示范。其他农户与经营者也能从成功案例中看到确实可行的收益模型，主动加入这一由市场与政策共同驱动的良性循环。金融力量与绿色经济的深度融合，正在为农村大气治理打造更稳固的资金供给与风险对冲体系，实现社会资本与生态利益的同频共振。

三、社会参与保障

公众对于大气环境污染往往缺乏感性与理性的双重认知，只有当个人和家庭健康受到直接影响，才会出现短暂的舆论聚焦。然而，农村地区的生产方式与生活方式常常与大气问题深度交织，简单的技术或行政手段不足以形成长效治理机制。社会参与保障因而成为连接基层与专家、政府与村民的重要渠道。若在日常生活中营造对生态安全的深入共识，让更多群体自觉将环境保护纳入个人行为与村庄治理议程，那么大气环境的综合改善才有持续动力。许多研究表明，环境观念的培养需要从学校教育与社区宣传同时着手，把抽象的污染物指标转化为看得见、摸得着的健康风险提示，从而帮助农户在耕作和燃烧习惯上作出针对性改变。

在实际操作层面，各类社会组织与非政府机构可以扮演关键"催化剂"。农技推广站、环保公益组织与新型合作社若能深度合作，就能将技术知识与社会网络有机融合。例如，某些地区邀请环保志愿者与农民合作社共同研发简易式除尘装置，将原本复杂昂贵的技术方案简化到村民可自行维护的水准。这样的合作不仅降低了依赖外来专家的制度成本，也在社区范围内培育了自发的环境守护意识。乡村传统互助机制若能与现代社会组织合作，往往能激发民众对家园的认同感与自豪感，推动他们在防控秸秆焚烧和减少散煤使用等方面形成自治共识。农民协会或妇女组织在监督土壤施药以及燃料替代时，也能以更加灵活温和的方式向农户宣传环保效益。

社会监督渠道在降低治理信息不对称、鼓励违法线索举报等方面同样不可或缺。大多数情况下，大气污染问题并非技术不可解决，而是部分排放者依仗执法"盲区"或缺乏证据收集造成的。开放的投诉热线、移动应用平台与线上举报窗口让违反限烧规定或大量施放高毒农药的行为更易被曝光，基层政府也能针对群众提供的线索迅速作出执法响应。若再配合公开化的监测数据发布，村民可随时查阅本地区的PM2.5、二氧化氮等关键指标，从而倒逼相关部门或企业更主动进行减排。如此一来，大气治理不再是政府单方面的监管流程，而是由社会多元主体共同完成的良性互动。

在学术界和产业界的共同支持下，公众还可参与到一些示范性项目的构思与评估进程中，比如，秸秆收储中心如何选址、何种生物质利用技术能兼顾减排与收益，等等。通过田野调研与深度访谈，研究者得以倾听农民在政策执行中遇到的具体挑战，避免高层设计与地方现实出现脱节。社会媒体与高校科研团队也可持续跟进治理项目的后期运行数据，把成效与不足透明展现出来，让更多人看到乡村环境改善的确切成果，也为其他地区提供决策参考。若能在此过程中建立区域性网络平台，吸纳愿意分享经验与技术的社会力量，形成涵盖农村生产者、环保志愿者、研发机构与金融部门的跨部门合作联盟，那么大气环境的综合治理方案就能在社会体系内部逐渐完善。通过此种方式，社会参与保障真正被融入治理全过程，让生态修复在广大村庄土地上实现有序、稳健地向前发展。

四、技术创新推动

（一）新型清洁能源应用

清洁能源在农村大气环境治理中的潜力不容小觑，尤其是在替代生物质直燃或劣质煤炭方面具有显著的减排效应。风能与太阳能的分布式发电系统，可为偏远村庄提供较稳定且低排放的电力来源，既能满足日常生活需求，又能在一定程度上提升农业加工与贮藏的现代化水平。此类能源方案要想顺利落地，需要因地制宜地评估当地的资源禀赋：风速与年光照时长决定了机组功率与光伏板装机规模，地形与土地所有权关系则影响设备选址与管线铺设的可行性。完成初步调研后，如果能够在政策层面争取到补贴或税收优惠，合作社与企业会更愿意投身光伏电站或小型风机的建设。当地农户若能以入股或土地流转方式参与其中，光伏农业大棚与农机充电站等复合场景会在收益分配机制下获得稳定发展。

清洁能源不止限于风光电力，一些区域还可通过沼气、秸秆气化等方式，让原本被焚烧或随意堆放的有机质转化成高热值燃料。类似的生物质能项目依托于发酵或气化技术，需要考量原料供应的稳定性与运输半径。如果原料分散、运距过远，运营成本可能会超过传统能源价格，对此可以通过建立村级或乡镇级原料收储体系，使居民在日常生产中就能方便地出售或交付秸秆、畜禽粪污等生物质材料，形成"种—养—能"一体化循环。由于部分清洁能源设施在技术维护和操作水平上有一定门槛，当地政府或科研院所宜定期组织技术培训，让农户懂得基础操作和故障排查。随着气象、土壤等大数据手段逐渐渗透至农村，清洁能源运行也可与智慧农业的实时监控相结合，实现最优化的能量匹配与排放削减。无论是风电、光伏还是生物质能，其核心在于为农户提供可靠的收益模式与高效运维服务，让大家真切感受到转向清洁能源带来的经济及生态红利。这类动力转换若能与农村电网升级、储能技术突破相协同，更大范围的区域性大气质量改善将指日可待。

（二）低排放农机研发

农业机械化程度不断提升，为乡村生产效率带来巨大飞跃，却也在柴油消耗与废气排放方面留下显著压力。机械操作时大量尾气夹带的颗粒物与氮氧化物易在近地层聚集，并在田间翻耕过程中与扬尘形成复合污染。针对这一难题，低排放农机研发的关注点不再是单纯追求马力，而是着力于发动机燃烧效率、尾气后处理技术与能源替代的综合升级。为了使农户在作业中真正体验到"少排放、能省油、效益高"的效果，研发团队可以从细微之处着手：改进进气道结构、优化喷油时序与增压系统，令燃油雾化与燃烧更加彻底。配合柴油氧化催化器（DOC）或柴油颗粒捕集器（DPF）等后处理装置，能在较大程度上截留微细颗粒和多环芳烃。

在耕地广阔或地形复杂的地区，电动或混合动力农机也呈现出长远潜力。电动农机在强扭矩与续航性上仍有瓶颈，尤其在连续大载荷作业与偏远田块转换时充电不便，需要整合分布式电源或移动充电车等配套。混合动力技术的耦合优势在于可在低速作业时切换至电驱动模式，显著减少尾气排放与噪声，但也要求研发方开发高适配度的传动系统与高功率电池组，确保安全性和续航平衡。若能针对种植业与养殖业的不同需求开发差异化车型，如小型旋耕机、植保无人机到大型收割机，那么低排放理念就能融入整个农机谱系。对于配套设施，则需在乡镇层面构建集中维修站与零部件供应渠道，避免低排放机具因故障维护难而被迫停用。地方政府可以尝试将低排放农机纳入农机购置补贴清单，对环保达标的机型实施优先补贴或更高比例补贴，引导用户自觉更新换代。技术突破与政策扶持双管齐下，最终使农机运转效率与排放达标程度获得协同提升，减少对农村大气环境与公共健康的负面冲击。

（三）环保技术产业化运作

当新兴环保技术在实验室获得初步成果后，若能快速转化为产业形态并被应用至农村减排实践，整个地区的大气环境质量就会迎来可观的改变。产业化路径并非简单地批量生产相关设备，更涉及技术标准制定、市场推广与用户培训等多环节。只有在保护知识产权的同时，让厂商具备灵活的合作策略，环保技术企业与农业合作社、农户家庭间的供需关系才会持续深化。一些头部企业若能与地方政府或科研机构组建产业联盟，就有机会定向研发更适配的终端产品，如臭氧净化、低温脱硝设备等，专门应对区域内秸秆燃烧或农机尾气等常见污染问题。

产业化过程往往面临"技术成本如何被农村用户接受"的难题，可在政府与金融机构的联动下，通过绿色信贷、补贴或租赁方式，把初期设备费用分摊到较长周期，以减轻用户的一次性投入压力。保持后续维护与安装的专业性，对增强用户信任至关重要。若环保技术企业能在当地建立完善的技术指导团队和售后网络，许多农村对新设备的疑虑就会显著减少；相反，如果售后服务不及时，用户对创新产品的容忍度较低，应用规模难以维持。伴随产业化的深入，企业积累了更多实地运行数据后，可以持续改进产品性能，在市场竞争中构建成本和技术优势。产业规模壮大后，一批中小型配套企业也会应运而生，为大气治理提供多元零部件与辅助服务，从而形成产业生态效应。等到这套产业化体系成熟，农村地区的减排技术就不再是政策驱动的"短期热潮"，而会成为扎根本地、持续迭代的现代经济增长点，实现经济与环境保护的真正共赢。

五、长效管理机制

长效管理机制意味着将一系列临时减排方案融入可持续运作的制度与技术框架，以避免单次运动式治理后出现的反弹。动态监测与评估体系在此过程中占据关键地位，通过对排放源、扩散规律与气象条件的连续追踪，能够实时校正治理目标，并向决策部门提供更具前瞻性的指引。监测结果若能纳入对地方政府与涉农企业的绩效考核，使各主体持续关注环境改善成效，能够在制度层面形成自我修复能力。对于农村多样化的生产结构，需要依托分级分区管理理念，结合区域特征制定差异化管控指标，让资源配置与人员培训能够有的放矢。阶段性审议与公开化督察亦是防止治理松懈的重要途径，及时发现偏远地区或弱势群体在减排措施中的困难。完善的信息共享平台促成科研机构与基层主体之间的深度互动，为技术迭代与资金支持提供依据。多方联动下，投入机制、责任考核和文化认同在纵深推进中相互强化，确保农村大气环境不仅在单一指标上达标，而且在生产方式与社会氛围等综合层面上实现根本改观。

第八章　绿色循环农业与生态未来

第一节　绿色循环农业的未来机遇

一、农业面源污染与自然修复协同并进

农业面源污染防治日益依赖对土壤、生物群落与作物系统的整体把握，通过循证研究与生态模型评估，能够在精准施肥、减量农药使用与废物资源化处理方面实现突破。畜禽粪污、作物秸秆及田间残留物在循环利用后重新输入农田，土壤结构与有机质含量得到有效改善，农田微生物群落活性与生物多样性指标明显提升。面源污染经生态修复技术的调控可逐渐削减，对溪流和湿地的氮、磷负荷亦呈递减趋势。耕作制度调整与自然缓冲带的布局令不同作物轮作与生态廊道的建设形成联动，在保育区域性水资源和气候调节功能的同时，提高农村经济与环境的和谐度。随着跨学科协作不断深化，这种"农业—生态"双循环机制能够进一步巩固农村土地的可持续生产潜能，让面源污染得到系统性削减。

二、精准化技术与数智化平台融合应用

数字化管理工具在近年为乡村农业带来了深刻变革。大数据、遥感与传感器网络的加入可使耕地土壤检测、作物长势监测以及肥料药剂施用实施更为精细的时空管控。云端数据平台与物联网设备相结合，使不同地块的田间数据能在动态采集后快速上传，为后端决策模型提供实时输入，提升肥料水分调度与病虫害预测的准确度。农用无人机与自主行驶的农机装备若能与智慧平台对接，能够在降低人工成本的同时实现精准喷洒与智能控制，大幅降低化学药剂浪费与环境风险。多种新兴算法包括机器学习与深度学习亦可从海量农作信息中挖掘潜在增效点，在提

高产量的同时兼顾生态安全。此类数智技术不断渗透于种养、运输与加工全产业链，为循环农业创造新的发展前景。

三、跨区域联动与农产品加工业深度融合

传统的区域间产业链往往存在分散、重复建设与资源浪费等问题，大量农业副产物未能形成系统化利用的局面。若能促成在大区域范围内对农业原料与副产物的科学配置，就可通过产业集群的方式让农产品加工废物在邻近企业或合作社间实现共享与梯级利用。利用发酵工程和热解技术将果蔬废料或农林剩余物等深度转化出饲料、有机肥或生物基材料，使单一产业的废物成为另一产业的关键原料。整合种植业与养殖业有利于提高循环效率，减少过多的长距离运输与不必要的中间商环节，同时缓解温室气体与各类废气在传输过程中的累积。若跨区域协同规划能辅以适度的基础设施投资与区域性的技术咨询服务，会在较大程度上提高资源利用率，为农业现代化与生态安全提供坚实后盾。

四、多层次金融与政策创新激发循环动力

资金短缺与风险顾虑一直困扰不少农村在循环农业领域的积极尝试。多层次金融创新通过绿色信贷、农业保险与项目补贴的结合，可为不同规模的农业经营者量身定制资金支持策略。风险评估体系若将生态收益与减排指标纳入综合考量，金融机构就能更有效地衡量项目的长期价值。面向节能减排或废物资源化的技术型企业，当地政府与投资机构可协作提供低息或贴息贷款，在设备升级与推广环节降低前期投入成本。灵活多变的税收优惠也可吸引更多社会资本进驻循环农业领域。待项目形成成熟的盈利模式后，逐步引入市场化运作，让公共资源与私营资源有机融合，形成可持续的资金流动，让绿色循环理念不再只停留在试点上，更可延伸为规模化、稳定化的农业经济形态。

五、农户对循环农业理念的主动认同与参与

技术与资金固然重要，但农户的文化和行为习惯在推进绿色循环农业中同样至关重要。如果将土壤培肥、病虫害防治和绿色燃料利用等内容以通俗化方式在多样化的培训与宣传活动中进行科普，能帮助农户由被动接受向主动探索转变。社区自治组织与合作社在各类农业示范区开展生态教育与经营管理，让相邻农户有机会见证循环模式下的产量与品质的改进，逐渐破除传统"盲目施肥"或"露天焚烧"的思维路径。女性在家庭与村社的联结中常扮演重要沟通角色，对将环保理念融入日常生活更具敏感度。若能在政策与社会网络层面进一步赋权，许多底层创新与小范围试验会自发涌现，推动绿色循环理念深度融入农村生产与生活方式。在面向未来的全球化竞争中，农户主体地位的全面提升与价值再发现，也将成为维护农业生态安全与挖掘区域经济潜力的核心保障。

第二节　生态未来和可持续发展的新趋势

一、农田生态系统与自然保护区的综合性廊道融合

村庄周边的自然保护区与广袤的农田长期被视为两种功能定位迥异的区域，一者聚焦生物多样性与原生态的严守，一者立足规模化与高效化的粮食或经济作物产出。近年来，不少研究者逐渐意识到若能在区域层面将这两类场所通过廊道式或网络式布局进行衔接，生态系统的整体稳定性与农业生产的可持续性将得到显著提升。农田在传统管理中可能会遭遇化肥、农药与面源污染的反复叠加，如果缺乏相邻自然保护区提

供的生物屏障与生态缓冲，耕地的自我修复能力往往不足，土壤微生物群落会因单一化种植而陷入脆弱状态。保护区内部的核心区与缓冲区若得以同周边农田以阶梯式融合，则可发挥生境过渡带的协同效应，让野生动植物在农业景观中拥有更多栖息与觅食资源。

生态廊道概念的践行涉及跨学科的交叉，也包括多方利益诉求的协调。借助遥感与地理信息系统，可在宏观尺度上确定廊道的走向与节点分布，从而避免农业活动对重点栖息地造成进一步干扰。在小尺度层面，多样化的生境建构与连通性维护要求适度减少化学投入，鼓励合适的间作模式或生态工程措施，为昆虫、鸟类与微生物提供良好的生存空间。当地管理机构若能与农民合作社、环保组织及科研团队共同开展长期监测，定期评估物种丰富度与土壤健康状况，就能把农田与保护区之间的生态互惠关系量化呈现。社区层面也可以鼓励农户及林区居民主动参与廊道的修复与护育，形成融合农业生产、自然保育与文化传承的多元格局。越来越多的实例显示，这种耦合式的区域管理不仅在提升农业产量与品质方面卓有成效，也为区域生态安全提供了更富弹性的防线。

二、乡村数字化治理与大数据分析的深度结合

信息化基础设施已逐步渗透至偏远村镇，云计算与物联网架构的广泛应用为乡村治理打开了全新的可能性。耕地、牧场与林地分散且规模多样，传统人工巡查方式应对突发问题效率偏低。通过在田间地头布设传感器和摄像头，并在后台以大数据手段进行集成处理，决策者可以更灵活地掌控土壤湿度、病虫害传播路径和天气变动，从而在精准灌溉、分区域施肥及风险预判上作出更具实效的对策。若搭载无人机与遥感影像技术，这种近地面与高空的多源数据融合将使粮食产量预测与旱涝灾害监控获得前所未有的细腻度，甚至能够对秸秆焚烧或偷排废气等不法行为进行实时识别与定位。

平台化管理通过数据采集与分析贯穿农产品从育种到市场的全流程。

育种环节可借助基因组学和机理模型锁定最契合当地气候与土壤特点的优良品种；种植与养殖阶段，以传感器网络获取实时环境指标后进行机器学习算法优化，实现对农药与兽药使用量的精确调控。由此带来的直接收益在于农药化肥的大幅减量，为大气与土壤环境减轻不必要的污染负担。更深层次的改变还在于消费与需求端的数字化互动：若平台将生产数据与质量追溯信息透明呈现，购买者能从农产品上看到其生态指标与碳足迹，这将大幅提升低碳消费的吸引力。对于治理者，面对突发性极端天气或季节性面源污染，也能依靠大数据预测模型进行前置干预与应急调配。基础设施层面的不断完善，包括乡村宽带覆盖与移动通信升级，也为更多数字化创新模式奠定了硬件基础。

　　数字化不只是一种技术手段，还提供了新的公共服务与社会互动形态。在线咨询与专家远程诊断为农民在防治病虫害或选择新技术时节省了高额成本；乡镇级政府与合作社也可通过数据大屏与时序分析把握整体生产脉络，降低盲目性。若干乡村在区块链溯源与农业保险智能合约方面已作积极探索，一旦出现产品质量纠纷或产量骤减，都可在平台实时记录各环节的操作痕迹，为后续责任划分和补偿机制提供客观依据。通过资源要素与数据的高效匹配，一些昔日落后的地区成功打造出特色品牌，吸引城市消费者与投资机构关注。学界越来越多的研究也在探讨数字化如何进一步渗透到社会治理层面：将大数据分析应用于人口流动、环保监督与村民自治，或许能在今后助力乡村在经济、环境与社会方面实现多维升级。这样的发展路径为农村的未来提供了全新视角，将数据资源与生态建设融为一体，凝聚成推动乡村振兴与绿色变革的强劲动力。

三、低碳消费与绿色产品认证的普及

　　消费者长时间将注意力集中于食品安全与营养价值，对于生产环节的碳排放与生态影响往往缺乏清晰认知。近年来兴起的绿色产品认证体系不仅规范了农产品从耕种到加工的全流程，也把碳足迹核算和环境友

好度纳入衡量范畴。社群媒体与新零售平台逐渐将低碳标签展示给消费者，通过可视化与简化指数帮助其识别生产环节对气候与生态的影响。农业经营者在这样的市场环境下被激励采用节水灌溉、有机肥还田与可再生能源供能等措施，从而在拓展销售渠道的同时实现减排与生态增值的双重收益。

四、乡村复合型发展路径与"三生一体"新格局

单纯的农业开发模式在应对资源环境挑战与市场波动时常显得脆弱，于是建设复合型乡村经济成为新的探索方向。若能使产业布局兼顾农业生产、居民生活与生态保育三者的互动，人居环境质量便与产业竞争力相互促进。一些地区的农旅融合实践为这一思路提供了佐证：庄园式经营或合作社集体经营引入观光农业与文化体验，兼具生态修复与景观美化功能，将田间生态廊道、湿地及林带改造为科普与休闲景点。村落亦可借助电子商务与直播等手段强化特色农产品的品牌认知度，吸引城市消费者的同时拉动本地就业。结合民宿经营、文化体验或户外运动，区域人气随之提升，也加速了公共基础设施与绿色交通网络的完善。

产业提升并非只着眼于带动经济增长，还需把生态管理与社会福利纳入同一议题。面源污染若能得到系统化解决，旅游者在体验农耕文化的同时获得更健康的空气与水资源，农户也因生态环境质量改善而降低了病虫害防治成本。社区层面的参与机制使村民在设施规划与收益分配上拥有充分话语权，提高整体项目可持续性。复合型发展思路在多个维度激活乡村潜能：文化遗产及乡土艺术资源可与经济作物品种创新、生态农业衍生品开发相结合，形成更有弹性的多元收益组合；公共部门与环保机构的深度协作推动清洁能源、污水处理与农业废物再利用等生态工程落地，进一步强化乡村绿色循环体系。面向未来，倘若这套"三生一体"格局能在更多区域推广，将有望为城乡协同发展与生态安全构筑新的基础，同时让农业持续走向高质量与高效率。

参考文献

[1] 吕军，侯俊东，庄小丽 . 两型社会农村生态环境治理机制研究 [M]. 武汉：中国地质大学出版社，2016.

[2] 甘黎黎 . 中国农村生态环境协同治理研究 [M]. 南昌：江西人民出版社，2021.

[3] 邓良平，胡蝶 . 农村水环境生态治理模式研究 [M]. 郑州：黄河水利出版社，2017.

[4] 席北斗，魏自民，夏训峰 . 农村生态环境保护与综合治理 [M]. 北京：新时代出版社，2008.

[5] 郭跃文，曾云敏，等 . 中国农村生态环境治理 [M]. 北京：社会科学文献出版社，2023.

[6] 赵敏，汤烨，金华长，等 . 社会主义现代化先行区新农村生态友好型水环境治理技术体系 [M]. 北京：海洋出版社，2024.

[7] 胡美灵 . 我国农村环境群体性事件协同治理研究 [M]. 长沙：湖南大学出版社，2022.

[8] 吕文林 . 中国农村生态文明建设研究 [M]. 武汉：华中科技大学出版社，2021.

[9] 周晓峰 . 中国森林与生态环境 [M]. 北京：中国林业出版社，1999.

[10] 潘丹，孔凡斌 . 生态宜居乡村建设与农村人居环境问题治理：理论与实践探索 [M]. 北京：中国农业出版社，2018.

[11] 康承业，詹茂华 . 中国中冶水环境治理技术发展报告 [M]. 南京：南京大学出版社，2017.

[12] 唐坚 . 基层生态环境保护与发展制度 [M]. 北京：经济日报出版社，2019.

[13] 冯肃伟，戴星翼 . 新农村环境建设 [M]. 上海：上海人民出版社，2007.

[14] 徐婷婷 . 中国农村环境保护现状与对策研究 [M]. 长春：吉林人民出版社，2019.

[15] 李轶 . 水环境治理 [M]. 北京：中国水利水电出版社，2018.

[16] 翟玉茹 . 乡村振兴背景下农村生态环境治理路径探析 [J]. 村委主任，2024(18):234-236.

[17] 翟师妹 . 乡村振兴背景下农村生态环境治理问题及对策研究 [J]. 山西农经 ,2024(17):117-119.

[18] 李接林 . 持续加大农村生态环境治理的力度 [J]. 村委主任 ,2024(17):153-155.

[19] 姬超，傅钰 . 农村生态环境问题的发展型治理机制与实现路径 [J]. 特区实践与理论 ,2024(4):120-128.

[20] 吕军 . 新农村建设背景下农村生态环境保护及治理 [J]. 农村科学实验 ,2024(16):34-36.

[21] 黄艳丽 . 乡村振兴背景下农村生态环境治理与保护探析 [J]. 农场经济管理 ,2024(8):31-32.

[22] 李林林 . 农村生态环境治理困境及优化路径 [J]. 农村实用技术 ,2024(8):112-113.

[23] 刘仕贤 , 李佳薇 . 我国农村生态环境治理的困境与纾解路径 [J]. 环境保护 ,2024,52(15):69-71.

[24] 郭佩欣 , 张奇 , 晏露宇 . 乡村振兴背景下农村生态环境治理法治化路径 [J]. 农村经济与科技 ,2024,35(14):47-51.

[25] 张晓彤 . 农村生态环境保护工作存在的问题及治理对策 [J]. 现代农村科技 ,2024(8):113-114.

[26] 苏毅清 , 覃思杰 , 舒全峰 . 制度路径融合激活农村生态环境治理集体行动的机制：基于嵌套制度体系分析框架 [J]. 中国农村经济 ,2024(7):161-184.

[27] 李伟涛. 生态文明建设背景下我国农村生态环境治理问题研究 [J]. 生态经济 ,2024,40(7):230-231.

[28] 陈佳航. 乡村振兴背景下农村生态环境治理的法治进路探究 [J]. 开封文化艺术职业学院学报 ,2024,44(3):105-109.

[29] 陈弘 , 王清贵. 数字技术赋能农村生态环境治理的路径：基于整体性分析框架 [J]. 生态经济 ,2024,40(6):179-184.

[30] 王仕承. 乡村振兴战略下农村生态环境治理路径探析 [J]. 农村经济与科技 ,2024,35(10):70-72, 78.

[31] 曾凡清. 乡村振兴背景下农村生态环境治理困境及对策探究 [J]. 农业经济 ,2024(4):37-40.

[32] 申锦. 乡村振兴背景下农村生态环境治理路径研究：以镇雄县银厂村为例 [J]. 智慧农业导刊 ,2024,4(6):90-93.